Sofiane Ben Hamouda

Séparation de mélanges gazeux par membranes perméasélectives

Sofiane Ben Hamouda

Séparation de mélanges gazeux par membranes perméasélectives

Mise au point et caractérisation de membranes perméables et sélectives pour séparer des mélanges gazeux alcanes/alcènes

Presses Académiques Francophones

Publisher:
Presses Académiques Francophones
is a trademark of
International Book Market Service Ltd., member of OmniScriptum Publishing Group
17 Meldrum Street, Beau Bassin 71504, Mauritius

Printed at: see last page
ISBN: 978-3-8416-3396-5

Zugl. / Agréé par: Rouen, Université de Rouen, Diss., 2006

REMERCIEMENTS

Les travaux présentés dans ce mémoire ont été réalisés dans le laboratoire "Polymères, Biopolymères, Membranes", UMR 6522 du CNRS de l'Université de ROUEN et le laboratoire"Polymères, Biopolymères, Matériaux organiques de l'université de MONASTIR

Je tiens à remercier Monsieur G. MULLER, Directeur de Recherche au CNRS, de m'avoir accueilli au sein de ce laboratoire et de m'avoir permis de réaliser ces recherches.

En premier lieu, je tiens à remercier Messieurs Quang Trong N'GUYEN (Professeur à l'Université de ROUEN) et Dominique LANGEVIN (chargé de recherches au CNRS) pour avoir accepter de diriger ce travail. Leurs compétences, leur pédagogie et leur expérience scientifique m'ont permis d'apprendre et de comprendre tout au long de ma thèse.

Je tiens à exprimer toute ma reconnaissance à Monsieur Sadok ROUDESLI (professeur à l'université de MONASTIR), pour toutes les qualités avec lesquelles il a encadré ce travail et pour le soutien qu'il m'a témoigné ainsi que Monsieur Chedly AHMED pour son soutien et ses précieux conseils. mes remerciements vont aussi à l'ensemble du personnel du laboratoire Polymères, Biopolymères, Matériaux organiques de l'université de MONASTIR, leur bonne humeur et leur disponibilité m'ont été précieuses.

Je remercie l'ensemble des permanents de l'équipe "Membranes Synthétiques et Systèmes Membranaires" à savoir Monsieur Michel METAYER, Stéphane MARAIS, Madame Corinne CHAPPEY et Messieurs Jean-François VERCHERE et Laurent LEBRUN.

Je me sens particulièrement honoré de l'attention que Monsieur Denis Roizard, chargé de recherches au CNRS, Monsieur Hedi Zarrouk, Professeur à la Faculé des Sciences de Tunis, Directeur de l'institut de recherche et d'analyse physico-chimique à Sidi Thabet, Monsieur Mustapha Majdoub, Professeur à la faculté des sciences de Monastir, m'ont accordée en acceptant de juger ce travail

Je remercie chaleureusement toutes les personnes du laboratoire PBM qui m'ont accompagné depuis mon DEA. Je tiens à remercier plus particulièrement Atef, Fabrice, zied, Hicham, Yannick, Benjamin, Elie, Youssef, Brigitte, Virginie, Didier, Luc, Haad, Wafa,

Camille, Julie, Anca, Mélanie, Céline, Isabelle, Aurélie et sans oublier ceux de l'équipe LECAP, Bessem et Redouan.

Mes sentiments les plus sincères sont pour ma famille en Tunisie et en particulier ma **mère**.

Enfin je remercie le Ministère de l'enseignement supérieur et l'ambassade de Tunisie en France pour avoir financé ces travaux de thèse.

CONTRIBUTIONS SCIENTIFIQUES

Ce travail a fait l'objet des communications et publications suivantes:

Publications soumises et en Cours

P1   *Fine characterization of the ethylene and ethane sorption in poly(amide 12-block-tetramethylenoxide) copolymer/AgBF₄ membranes*. **S. Ben Hamouda**, Q.T. Nguyen, D. Langevin, P. Schaetzel, S. Roudesli, <u>European Polymer Journal</u>.(en révision)

P2   *Polyamide 12-polytetramethyleneoxide block copolymer membranes with silver nanoparticles - Synthesis and water permeation properties*. **S. Ben Hamouda**, D. Langevin, Quang Trong Nguyen, Corinne Chappey & Sadok Roudesli. (en cours)

Communications

- ### Nationales

C1   *Mise au point et caractérisation de membranes perméables et sélectives pour la séparation de gaz alcanes/alcènes*. Oral. <u>**S. Ben. Hamouda**</u>, D. Langevin, Q.T. N'guyen <u>XXVèmes journées du groupe français des polymères ouest</u>,Le Mans, juin 2004.

C2   *Elaboration et caractérisation de membranes polymères à perméabilité sélective en vue de la séparation de gaz alcanes/alcènes*. Oral. <u>**S. Ben. Hamouda**</u>, D. Langevin, Q.T. N'guyen et S. Roudesli. <u>8ᵉᵐᵉ journée de l'école doctorale normande de chimie biologie</u>, Le Havre, mars 2005.

C3   *Stability of silver particles in PA12-PTMO/AgBF₄ membranes and its effect on the separation of olefin/paraffin mixtures*. Poster. <u>S. Ben. Hamouda</u>, D. Langevin, Q.T. N'guyen, C. Chappey et S. Roudesli. <u>Journées thématiques du CFM</u>, IFP-Lyon, France, juin 2005.

- ### Internationales

C1   *Elaboration and caracterisation of composite membranes for olefin/paraffin separation*. Poster.
     S. Ben. Hamouda, Dominique Langevin, Quong Trong N'guyen & Sadok Roudesli. <u>7ᵗʰ European Technical Symposium on Polyimides &High Performance Functional Polymers</u>. Polytech' Montpellier, Montpellier, mai 2005.

SOMMAIRE

NOTATIONS UTILISEES

SYMBOLES LATINS

a activité

A_1 1ère constante de la loi d'Antoine

A_2 2ème constante de la loi d'Antoine

A_3 3ème constante de la loi d'Antoine

b   constante d'affinité des molécules de pénétrant pour les sites de Langmuir pour les équations de type C= f (p(cmHg))

C concentration (cm^{3}STP.g^{-1}) des molécules de pénétrant dans la phase membrane

C_A concentration molécules de pénétrant à l'interface amont de la membrane (cm^{3}STP.g^{-1})

C_B concentration molécules de pénétrant à l'interface aval de la membrane (cm^{3}STP.g^{-1})

f   fugacité (cmHg)

P coefficient de perméabilité (cm^{3}STP.cm.cm^{-2}.s^{-1}.cmHg^{-1})

P_0 constante préexponentielle de l'équation de type Vant'Hoff pour P (cm^{3}STP.cm.cm^{-2}.s^{-1}.cmHg^{-1})

p_{sat} pression de vapeur saturante (cmHg)

C_{eq} concentration d'équilibre (cm^{3}STP.cm^{-3})

C'_H concentration moyenne en sites de Langmuir (cm^{3}STP.g^{-1})

D coefficient de diffusion (cm^2.s^{-1})

D_0 constante préexponentielle de la loi d'Arrhénius pour D (cm^2.s^{-1})

D_A coefficient de diffusion du composé A (1er pénétrant) (cm^2.s^{-1})

D_B coefficient de diffusion du composé B (2ème pénétrant) (cm^2.s^{-1})

E_D énergie apparente d'activation de la diffusion (kcal.mol^{-1})

J_S flux du composé S (substrat) à travers la membrane (cm^{3}STP.cm^{-2}.s^{-1})

k_D coefficient de solubilité de Henry (cm^{3}STP. cm^{-3}. cmHg^{-1})

K_a constante d'équilibre pour la réaction d'agrégation

L épaisseur du matériau (cm)

m masse de pénétrant absorbé (g)

m_t masse de pénétrant absorbé à l'instant t (g)

m_∞ masse de pénétrant absorbé à l'équilibre (g)

M_0 masse de l'échantillon au temps t = 0 de la sorption (g)

M_t masse de l'échantillon au temps t de la sorption (g)

M_∞ masse de l'échantillon à l'équilibre (g)

m_0 masse d'absorbat déjà présent au temps t= 0 de la sorption (g)

m_t masse d'absorbat au temps t (g)

m_∞ masse d'absorbat à l'équilibre (g)

M masse réelle de l'échantillon (g)

M_S masse de référence de l'échantillon "sec" (g)

M_A masse molaire du perméant A (g.mol^{-1})

M_g masse molaire du gaz (g.mol^{-1})

M_R masse apparente de l'échantillon (g)

W_A correction due à la poussée d'Archimède exercée sur l'échantillon (g)

W_B résultante de la poussée d'Archimède et du poids des différents éléments de la balance à vide (g)

H_s enthalpie molaire partielle de pénétrant sorbé dans la membrane (kcal.mol^{-1})

H_g enthalpie molaire partielle de pénétrant dans la phase gaz ou vapeur (kcal.mol^{-1})

n nombre moyen de molécules d'eau par agrégat

p pression (cmHg)

p_A pression en amont de la membrane (cmHg)

p_B pression en aval de la membrane (cmHg)

E_P énergie apparente d'activation de la perméation (kcal.mol^{-1})

Q_t taux d'avancement de la sorption

R constante des gaz parfaits (0,082 atm.cm^3.K^{-1}.mmol^{-1})

S coefficient de solubilité (cm^3 STP.g^{-1}.cmHg^{-1})

S_A coefficient de solubilité du composé A (pénétrant) (cm^3 STP.g^{-1}.cmHg^{-1}).

S_B coefficient de solubilité du composé B (2ème pénétrant) (cm^3 STP.g^{-1}.cmHg^{-1})

S_0 constante préexponentielle de l'équation de type Vant'off pour S (cm^3 STP.g^{-1}.cmHg^{-1})

t temps (s)

t_c temps de fin de cinétique (s)

t_p temps de montée en pression (s)

t_L time-lag ou retard à la diffusion (s)

T température (K)

T_g température de transition vitreuse (K)

x coordonnée d'abscisse dans l'épaisseur de la membrane (cm)

PTMO: polytétraméthylèneoxide

MEB: microscopie électronique à balayage

MET: microscopie électronique à transmission

PA12: polyamide12

Rappel: 1 atm= 1013 mb= 76 cmHg

SYMBOLES GRECS

$\alpha_{A/B}$ coefficient de sélectivité entre les composés A et B

ΔH_s variation d'enthalpie molaire de solution (kcal.mol^{-1})

ΔM_{eq} gain de masse à l'équilibre (g)

ΔH_v variation d'enthalpie de vaporisation (kcal.mol^{-1}).

ϕ_A fraction volumique de pénétrant dans le polymère

ϕ_P fraction volumique du polymère

γ_p coefficient d'activité

ρ_p masse volumique du polymère (g.cm^{-3})

ρ_g masse volumique du gaz (g.cm^{-3})

ρ_S masse volumique du pénétrant (g.cm^{-3})

τ paramètre de temps adimensionné

χ paramètre d'interaction de Flory-Huggins.

χ_C fraction cristalline du polymère

INTRODUCTION GENERALE

Les procédés de séparation par membranes polymères utilisés actuellement s'avèrent concurrentiels dans beaucoup de cas vis-à-vis des techniques séparatives déjà existantes telles que la distillation, la filtration et l'extraction par solvant. Ces procédés ont plusieurs avantages : ils sont continus, flexibles et modulaires, compacts, économes en énergie et en matière et ne nécessitent pas l'ajout de produits chimiques, ce qui évite les opérations de purification ultérieure et réduit les pollutions.

Le développement des procédés membranaires est cependant lié à l'amélioration des performances des membranes en matière de débit, sélectivité et durée de vie.
Selon la nature des espèces à séparer (liquides, gaz, vapeurs, ions, particules…), la structure de la membrane (poreuse ou dense) et la force motrice appliquée (pression, courant électrique…), on distingue notamment :
- Les procédés de filtration en général: microfiltration, ultrafiltration, nanofiltration…
Les membranes utilisées dans ces procédés sont plus ou moins poreuses (micropores, mésopores, nanopores), la force motrice de séparation est la différence de pression appliquée de part et d'autre de la membrane, la séparation s'effectue par la différence de taille des particules à séparer.
- Les techniques électromembranaires: celles-ci mettent en œuvre des membranes porteuses de groupes ioniques permettant le transfert d'ions de manière sélective sous l'effet d'un champ électrique. C'est par exemple le cas pour la regénération de soude et d'acide sulfurique à partir de sulfate de sodium, par électrodialyse à membrane bipolaire [1].
- La pervaporation dans laquelle la membrane polymère dense est disposée entre une phase liquide et une phase vapeur, ce procédé est employé pour séparer des mélanges de liquides (eau+alcool, alcool+éther…).
-la perméation gazeuse dans laquelle la membrane, également en polymère dense, permet de séparer un mélange de gaz. Elle permet entre autres d'obtenir de l'air enrichi en oxygène, de l'azote presque pur et de récupérer et recycler de l'hydrogène, du CO_2 etc...

Dans le cadre de ce dernier procédé, la séparation des mélanges gazeux alcènes/ alcanes s'avère une application potentielle importante en industrie pétrochimique, car difficile à réaliser par les techniques classiques.

Pour effectuer ce type de séparation la méthode utilisée traditionnellement est la distillation à basse température qui nécessite une grande quantité d'énergie à cause des volatilités proches des constituants à séparer [2].

Cependant l'utilisation des membranes à "transport facilité" est une alternative prometteuse qui permettrait de minimiser la consommation d'énergie et d'avoir une grande sélectivité oléfine/ paraffine [3] et de concurrencer la distillation.

Les membranes à transport facilité ont la particularité de contenir un agent de transport ("transporteur") qui forme sélectivement et réversiblement un complexe avec l'un des composants du mélange gazeux. Les agents de transport ou agents complexants les plus utilisés dans les séparations de mélanges de type alcanes/alcènes sont les cations Cu^{++} et surtout Ag^+ [4] qui constituent des sites fixes de forte interaction avec les oléfines.

Il est à noter que la réaction d'une oléfine avec le cation métallique résulte de l'interaction d'une orbitale π de l'oléfine avec les orbitales σ et π du métal. Le mécanisme de transport facilité dans une membrane polymère dense est le suivant :

➢ sorption de l'oléfine par complexation du côté concentré en oléfine.

➢ Saut du complexe d'un site fixe à un autre au sein de la matrice polymère.

➢ Désorption de l'oléfine par dissociation du complexe du côté dilué.

Le but de ce travail est de préparer une membrane polymère adaptée à la séparation du mélange gazeux éthylène/éthane et dont la sélectivité repose sur le transport facilité d'éthylène.

Lors de travaux antérieurs, LeBlanc [5] a mis en œuvre le transporteur Ag^+, contre- ion d'une membrane échangeuse d'ions à groupes sulfoniques, le mécanisme de transport impliquait alors une certaine hydratation de la membrane pour favoriser la formation du complexe ionique $[AgC_2H_4]^+$.

Nous avons élaboré deux séries de membranes à base d'un copolymère de la série des Pebax (PA12-PTMO) [2] dont la composition blocs amide/blocs éther est à priori favorable [6], sur le plan de la perméabilité et des propriétés mécaniques, à la réalisation de membranes de séparation gazeuse.

Le polymère a été mélangé en proportion variable à un sel d'argent (AgBF$_4$), Ag^+ jouant le rôle d'agent de transport apte à s'associer sélectivement avec l'éthylène.

Ici, le copolymère support (Pebax) comporte un nombre important de ponts éther susceptibles d'interagir avec le cation métallique et de jouer le rôle de l'eau dans l'environnement du complexe, rendant inutile l'hydratation des gaz et de la membrane, facteur très important dans un procédé industriel de séparation.

Afin d'en établir les principales caractéristiques et propriétés, les deux séries de membranes et leurs mélanges précurseurs ont été caractérisés par différentes méthodes physicochimiques: spectrométrie UV- visible et IR, DSC, microscopie Electronique à balayage, mesures de sorption des gaz (et perméation gazeuse).

CHAPITRE I: BIBLIOGRAPHIE

I.1 INTRODUCTION

Depuis les années 1960, le domaine de recherche et de développement des procédés membranaires de séparation ne cesse de croître et aboutit régulièrement à des applications nouvelles. Aujourd'hui, le monde industriel se tourne de plus en plus vers les solutions que proposent ces procédés [7,8] dont on reconnaît les avantages suivants :

-la consommation d'énergie est faible

-le procédé peut être mené en continu et facilement automatisé

-il peut être couplé avec d'autres techniques de séparation

-la séparation se réalise le plus souvent sans changement de phase ni variation de température du produit

-les propriétés de la membrane peuvent être ajustées en fonction du fluide à traiter

-le nettoyage du système est assez simple.

La place de plus en plus importante occupée par les techniques membranaires est à l'image de la grande diversité des matériaux et des procédés disponibles.

I.2 LES MEMBRANES

Les membranes sont au cœur des procédés membranaires, elles sont généralement présentées comme des barrières sélectives ou semi-perméables séparant deux compartiments appelés amont (ou donneur) et aval (ou récepteur) et permettant le passage préférentiel de certains composés. Le mélange liquide ou gazeux à traiter (ou mélange d'alimentation ou charge) se sépare en deux produits, dénommés, selon le compartiment qu'ils occupent : le rétentat ou concentrat en amont de la membrane, et le filtrat ou perméat en aval (Fig.I.1)

Les membranes solides sont constituées de matériaux organiques ou inorganiques obtenus à la suite de traitements chimiques ou physiques de composés seuls ou combinés.

Un matériau barrière est souvent conçu pour un problème de séparation précis et de ce fait peut présenter des natures, des structures ou des mises en œuvre bien différentes.

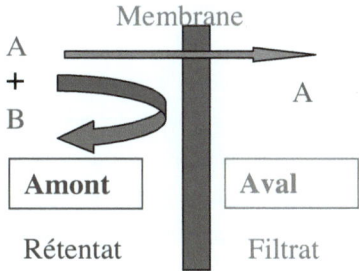

Fig I.1 Représentation schématique d'une séparation membranaire

A l'image de cette grande diversité, leurs classifications sont nombreuses. Nous nous proposons d'en examiner un exemple:

I.2.1 La nature chimique

La nature chimique de la membrane est l'un des critères de préparation les plus importants. Elle pourra être préparée à partir de matériaux polymères, céramiques, métaux, verres ou combinaisons de ceux-ci. Le choix dépendra de l'adéquation entre le cahier des charges et les propriétés chimiques et physiques du matériau. La membrane doit présenter une bonne inertie face aux agents chimiques, aux températures et aux contraintes mécaniques d'utilisation.

Par les matériaux employés on distingue trois grandes catégories de membranes.

I.2.1.1 Les membranes organiques

Les contraintes d'utilisation des membranes font qu'aujourd'hui la plupart des membranes organiques sont des membranes synthétiques comportant un ou plusieurs composés. Le développement de ces membranes a coïncidé avec la production industrielle de membranes d'osmose inverse en acétate de cellulose [9,10,11] dans les années soixante et n'a cessé de croître pour employer à présent pratiquement toute la gamme des polymères synthétiques. Nous citerons en particulier l'utilisation de polymères tels que les polyoléfines, polyamides, polysulfones, polyimides, polycétones, alcools polyvinyliques, polymères perfluorés... En effet, ces polymères offrent une meilleure résistance chimique et thermique que les matériaux d'origine naturelle, mais le choix dans cette gamme de polymères dépendra des exigences d'utilisation.

L'intérêt pour ces membranes synthétiques s'est encore accru grâce aux progrès de la chimie des polymères. La modification chimique de ces matériaux synthétiques permet d'accéder à de nouveaux matériaux pouvant comporter des charges ioniques, ou de modifier le caractère hydrophile ou hydrophobe du polymère d'origine. Ces nouveaux matériaux peuvent ainsi venir concurrencer sur des applications spécifiques d'autres matériaux tels que les résines échangeuses d'ions ou le charbon actif. Il faut signaler l'utilisation d'alliages de polymères [12,13] pour la fabrication d'une nouvelle génération de membranes.

I.2.1.2 Les membranes mixtes

Les membranes mixtes (ou supportées) résultent de la combinaison d'un matériau support assurant une sous- structure minérale et d'un matériau organique apportant la sélectivité. Ces membranes organo- minérales représentent un compromis intéressant alliant les avantages d'une membrane minérale et organique [14,15,16,17].

Bénéficiant des progrès de la polymérisation interfaciale, cette catégorie de membranes a permis d'accéder à des membranes composites dont la sous- structure peut être organique (polysulfone) [18,19,20], mais elles possèdent encore un point sensible en ce qui concerne l'adhésion des deux matériaux qui fait l'objet de nombreuses études.

I.2.1.3 Les membranes minérales

Pour les membranes inorganiques, l'un des constituants principaux peut être le carbone, le carbure de silicium, l'alumine ou un métal. Il joue le rôle de support macroporeux et confère au matériau ses propriétés mécaniques. La séparation repose sur les propriétés de sélectivité de couches minces d'oxydes métalliques (γAl_2O_3, ZrO_2, TiO_2... [21,22,23,24]) ou de carbone.

Ces membranes couvrent une très large gamme d'applications industrielles car elles offrent une très bonne résistance chimique et thermique ainsi qu'une porosité contrôlée. Leur durée de vie est généralement plus longue que celle des membranes organiques ou mixtes. Malheureusement ces matériaux souffrent encore d'un coût trop élevé.

I.2.2 La structure membranaire

La structure de la membrane est un facteur important car elle va gouverner le mécanisme de transport des solutés et ainsi influencer le domaine d'application de cette membrane.

Les membranes organiques, mixtes ou inorganiques peuvent être classées en deux catégories si on tient compte de leur porosité.

I.2.2.1 Membranes denses

Les membranes denses sont constituées de matériaux considérés comme homogènes dont l'épaisseur varie entre 1 et 300 μm selon les performances mécaniques du matériau. L'épaisseur importante ainsi obtenue est préconisée au détriment de la perméance qui diminue inversement avec l'épaisseur. Pour ces membranes, la fraction de zone amorphe et cristalline du matériau influence fortement les performances. Le transport des espèces, et par conséquent la sélectivité, résulte d'un phénomène de dissolution-diffusion où les interactions polymère-soluté jouent un rôle capital. Ces membranes sans porosité trouvent essentiellement leur application dans le traitement des gaz (perméation gazeuse, de vapeur, pervaporation...) ou dans l'osmose inverse.

I.2.2.2 Membranes poreuses

Les membranes poreuses sont à base de matériaux hétérogènes et sont utilisées dans les procédés de filtration liquide-liquide ou liquide-solide. Les tailles des pores de ces membranes permettent de les classer (recommandation de l'International Union of Pure And Applied Chemistry concernant la définition de la porosité dans les solides) en trois catégories :

-Microporeuses pour un diamètre de pore inférieur à 2 nm

-Mésoporeuses pour un diamètre de pore compris entre 2 et 50 nm

-Macroporeuses pour un diamètre de pore supérieur à 50 nm.

Chacune de ces deux catégories peut être subdivisée en deux autres catégories si on tient compte de leur morphologie.

I.2.2.3 Membranes symétriques

Les membranes symétriques sont constituées de matériaux isotropes. On définit ainsi un matériau dont les propriétés sont identiques dans toutes les directions et en tout point. Pour les matériaux poreux, le terme symétrique précise que les diamètres de tous les pores sont comparables dans toute l'épaisseur.

I.2.2.4 Membranes asymétriques

Les membranes asymétriques sont anisotropes. Elles sont représentées par des associations de matériaux (membranes composites) ou par une variation du diamètre de pore dans un même matériau dans l'épaisseur.

On pourra signaler que des membranes plus complexes telles que les membranes poreuses issues de mélanges de polymères ou des membranes supportées poreuses ne sont pas représentées dans la représentation de la figure I.2.

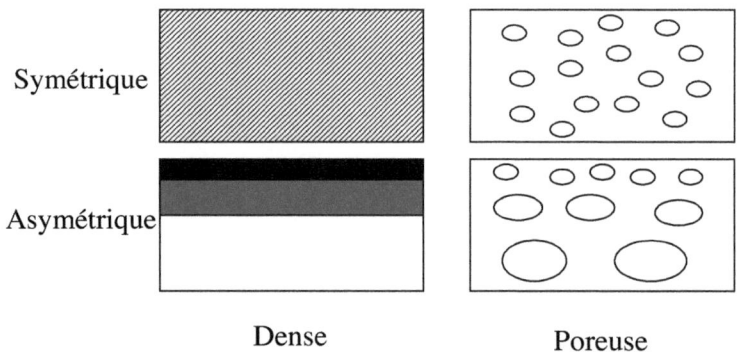

Figure.I.2. Représentation schématique des différentes structures membranaires.

I.3 PROPRIETES DE TRANSPORT

Dans ce travail nous nous intéressons à la séparation du mélange gazeux Ethylène/Ethane et à l'élaboration d'une membrane organique polymère, dense, symétrique et composite dans le sens qu'elle contient un sel d'argent ou de cuivre comme agent transporteur.

Les propriétés de transport d'un matériau membranaire dense sont communément régies par le mécanisme de dissolution – diffusion. Ce mécanisme amène à considérer plusieurs coefficients dont l'évolution en fonction de différents paramètres comme la nature du perméant, la nature du polymère ou encore la température du système sera présentée.

Dans la deuxième partie, on s'intéressera au phénomène de transport facilité et aux conditions nécessaires à son obtention, celui des alcènes sera examiné de plus près.

I.3.1 Mécanisme de dissolution-diffusion

En 1866, suite à une première série d'expériences menées une trentaine d'années plutôt par J.K. Mitchell et lui même [25,26], T. Graham reprend ces expériences et propose le premier modèle de transport : "La première absorption du gaz par le caoutchouc doit dépendre de la nature de ce gaz", le gaz absorbé "vient à s'évaporer…et réapparaît comme gaz de l'autre côté de la membrane" [27]. Le mécanisme de "dissolution- diffusion" venait d'être proposé.

La perméation de gaz à travers une membrane dense se déroule selon un processus où coexistent deux phénomènes, le premier, d'ordre thermodynamique, qui est l'absorption des molécules de gaz à l'interface amont de la membrane et le deuxième, d'ordre cinétique, concerne la diffusion des molécules de gaz ou de vapeur au sein du matériau pour être, à la fin du processus, désorbés à l'interface aval de la membrane. Ceci est généralement regroupé sous le terme de « mécanisme de dissolution-diffusion ».

Les trois paramètres caractéristiques de ce phénomène sont le coefficient de solubilité S, le coefficient de diffusion D et le coefficient de perméabilité P. Les deux premiers, S et D, déterminent le troisième, P. Dans le cas idéal d'un matériau polymère homogène présentant de faibles interactions avec les molécules de pénétrant, le coefficient de perméabilité P est le produit de S avec D

$$P = S \times D \qquad \text{(Eq I.1)}$$

Ces trois paramètres peuvent être déterminés par des expériences de sorption et/ou perméation, de manière directe ou indirecte.

I.3.1.1 Illustration en sorption

En sorption, le matériau est immergé dans un fluide (liquide ou gaz) contenant le pénétrant. Celui-ci se dissout en surface puis diffuse au cœur du matériau (Figure. I. 3) jusqu'à l'équilibre.

A l'équilibre de sorption d'un gaz, sa concentration C dans le polymère est uniforme:

$$C = C_{éq} \qquad \text{(Eq. I. 2)}$$

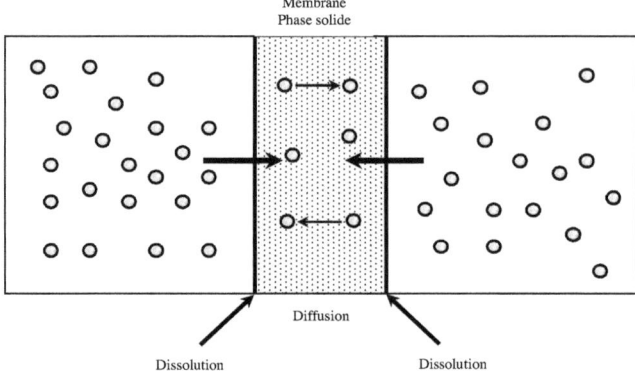

Figure. I.3 . Schéma du mécanisme de dissolution-diffusion dans une membrane illustration dans le cas de la sorption.

I.3.1.2 Illustration en perméation

En perméation (Figure I.4), le matériau polymère sous forme d'un film d'épaisseur L, sépare deux milieux différents. Le premier, en contact avec l'interface amont, est riche en petites molécules appelées ici perméant. Le second, en contact avec l'interface aval, n'en contient pratiquement pas. Dans ce cas, un gradient de concentration se crée dans le matériau, engendrant une force motrice. Le perméant traverse le film du milieu le plus concentré vers le milieu le plus dilué par:

- ✓ dissolution à l'interface amont
- ✓ diffusion dans le matériau
- ✓ désorption à l'interface aval

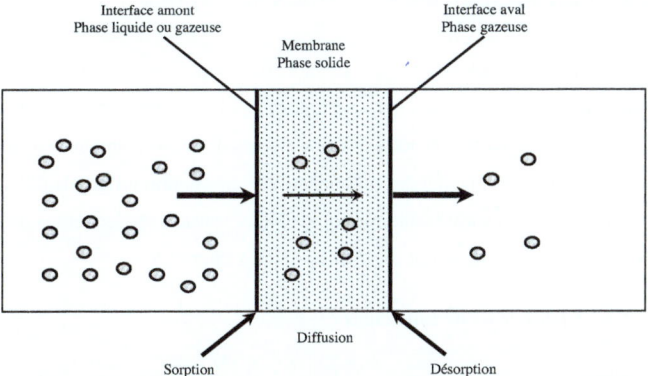

Figure I. 4. Schéma du mécanisme de dissolution-diffusion dans une membrane.
Illustration dans le cas de la perméation

I.4 DISSOLUTION

I.4.1 Coefficient de solubilité

Le coefficient de solubilité, S, représente l'équilibre de distribution des molécules de pénétrant entre la phase gazeuse ou vapeur et la phase membranaire.

$$S = \frac{C}{f} \qquad\qquad \text{(Eq.I.3)}$$

où C est la concentration des molécules de pénétrant dans la phase membranaire et f est la fugacité de ces molécules dans la phase gazeuse ou vapeur [28].

Le comportement idéal des gaz à faibles pressions, $f = \gamma_p p$ avec $\gamma_p = 1$, γ_p étant le coefficient d'activité, conduit à l'égalité I.4 pour laquelle la concentration est reliée à la pression, p, du gaz ou de la vapeur.

$$S = \frac{C}{p} \qquad\qquad \text{(Eq.I.4)}$$

I.4.2 Classification des isothermes de sorption

D'après l'équation I.4, si S est constant (cas idéal), à l'équilibre, la concentration de pénétrant dans un polymère est directement proportionnelle à la pression appliquée. Néanmoins, ce cas n'est pas une généralité et il est souvent décrit quatre autres types de comportement qui correspondent à des mécanismes de dissolution différents [29]. Les courbes $C = f(p)$, appelées aussi isothermes de sorption, les caractérisent et les distinguent. Les cinq principales isothermes sont représentées sur la figure.I.5.

I.4.2.1 Isotherme de type Henry

La figure.I.5.a. représente une isotherme répondant à la loi de Henry. C'est le mode de sorption rencontré dans un cas idéal où les interactions pénétrant-pénétrant et les interactions pénétrant-polymère sont faibles. Il illustre, en général, un système gaz permanent – polymère caoutchoutique.

L'absorption des molécules de pénétrant se fait de façon aléatoire dans la matrice du polymère et conduit ordinairement à des coefficients de solubilité assez faibles. L'équation I.4

est légèrement modifiée pour faire apparaître un coefficient k_D ou coefficient de Henry traduisant l'affinité de ces molécules pour la matrice.

$$C = k_D \times p \qquad \text{(Eq.I.5)}$$

I.4.2.2 Isotherme de type Langmuir

Ce modèle, illustré par la figure I.5.b, a été établi en premier lieu pour l'adsorption de gaz dans les solides poreux. Physiquement, il représente l'adsorption de molécules de pénétrants au niveau de sites spécifiques où les molécules sont partiellement immobilisées. Ces sites spécifiques peuvent être les microcavités d'un polymère vitreux, des groupements très polaires voire ioniques et aussi des particules poreuses de composés inorganiques (noir de carbone, gel de silice,...) dispersées dans une matrice polymère.

L'équation caractéristique d'une adsorption de type Langmuir est la suivante :

$$C = \frac{C'_H\, bp}{1 + bp} \qquad \text{(Eq.I.6)}$$

où C'_H est la concentration moyenne en sites de Langmuir et b est la constante d'affinité des molécules de pénétrant pour ces sites

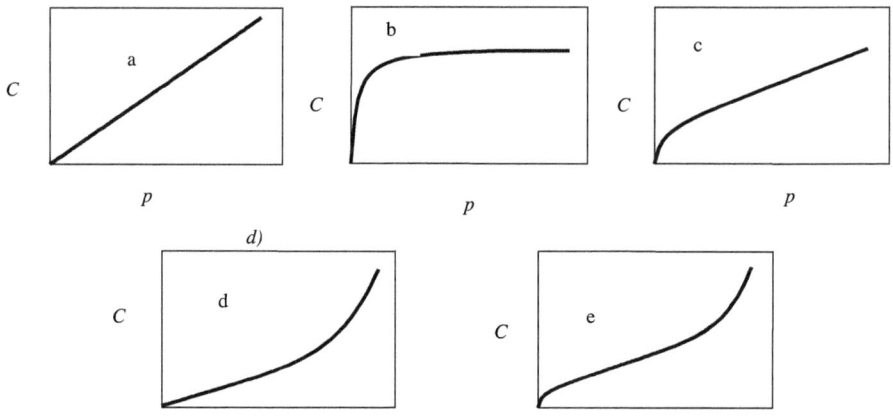

Figure. I.5. différents types d'isothermes de sorption

I.4.2.3 Isotherme de type "dual-mode"

Ce modèle est la combinaison des deux modes de sorption précédents. Certaines des molécules de pénétrant s'absorbent aléatoirement dans la matrice polymère alors que les autres viennent s'adsorber au niveau de sites spécifiques. Les mobilités de ces deux populations sont différentes et seront présentées dans le paragraphe sur la diffusion correspondant

Les concentrations des deux groupes de molécules présents dans la membrane s'ajoutent. Cela se traduit aussi bien au niveau de l'isotherme (Fig.I.5.c) que de la relation la décrivant en fonction de la pression.

$$C = k_D p + \frac{C'_H\, bp}{1 + bp} \qquad (Eq.I.7)$$

Lorsque la pression augmente, le 2ème terme de l'équation devient pratiquement indépendant de cette variable. L'équation tend alors vers une limite qui est son 1er terme joint d'une constante. Concrètement, la dissolution du pénétrant dans la matrice devient prépondérante à forte pression, à cause d'une saturation rapide des sites de Langmuir.

Cette représentation est très souvent utilisée pour décrire la sorption de gaz permanents dans un polymère vitreux : peu d'interactions entre le pénétrant et la matrice polymère (dissolution) et présence de microcavités (sites spécifiques).

I.4.2.4 Isotherme de type Flory-Huggins

Ce type d'isotherme de sorption est observé lorsque les interactions pénétrant-polymère ne sont pas négligeables devant les interactions polymère-polymère. La présence de ces interactions engendre une solubilité du pénétrant beaucoup plus importante et croissant de façon exponentielle avec l'augmentation de la pression. La figure I.5.d illustre cette forme convexe de l'isotherme.

La matrice polymère doit également être capable de gonflement pour permettre ce surcroît de dissolution. C'est une isotherme qui est donc fréquemment rencontrée lors de l'absorption de vapeurs organiques par un polymère caoutchoutique.

La loi de Flory-Huggins se présente dans ce cas sous le forme suivante :

$$\ln a = \ln \frac{p}{p_{sat}} = \ln \phi_A + (1 - \phi_A) + \chi(1 - \phi_A)^2 \qquad \text{(Eq.I.8)}$$

où p_{sat} est la pression de vapeur saturante, ϕ_A est la fraction volumique de pénétrant dans le polymère et χ est le paramètre d'interaction de Flory-Huggins. a, activité, $= \dfrac{p}{p_{sat}}$

I.4.2. 5 Isotherme de type B.E.T. II

La forme de cette isotherme représentée par la figure I.5.e est sigmoïde. Elle correspond à l'isotherme de type II dans la classification de Brunauer, Emmett et Teller [30].

C'est l'association d'une isotherme de type Langmuir avec une isotherme de type Flory-Huggins. Les interactions pénétrant-polymère sont fortes, la matrice polymère doit être capable de gonflement et elle doit présenter des sites spécifiques de sorption. Ce type d'isotherme est donc la représentation de la sorption de pénétrants polaires, tels certaines vapeurs organiques, dans un polymère caoutchoutique constitué de groupements fortement polaires ou ioniques.

La même forme d'isotherme peut apparaître lorsque, a activité élevée de la vapeur, se produit un phénomène d'agrégation des molécules de pénétrant [31].

I.4.3 Influence de la température

La solubilité d'un pénétrant dans un matériau polymère dépend non seulement des interactions qui peuvent être créées entre le pénétrant et le polymère, mais aussi de la capacité du pénétrant (gaz ou vapeur) à se condenser dans le matériau. Ainsi, l'effet de la température sur le coefficient de solubilité est exprimé par une loi de Van't Hoff [32].

$$S = S_0 \exp\left(-\frac{\Delta H_s}{RT}\right) \qquad \text{(Eq.I.9)}$$

où S_0 est une constante, R est la constante des gaz parfaits, T est la température absolue et ΔH_s est la variation d'enthalpie molaire de solution, exprimant la différence entre l'enthalpie molaire partielle de pénétrant sorbé, H_s, et l'enthalpie molaire partielle de pénétrant dans la phase gaz ou vapeur, H_g [33].

$$\Delta H_s = H_s - H_g \qquad \text{(Eq.I.10)}$$

I.5 DIFFUSION

I.5.1 Les lois de Fick

En 1855, Fick émet l'hypothèse que la quantité d'espèces diffusant perpendiculairement à travers une section d'aire unité par unité de temps, ou flux, J, est proportionnelle au gradient de concentration (perpendiculaire à la section) de ces espèces $\frac{\partial C}{\partial x}$ [34] (Fig. I. 6).

$$J = -D\frac{\partial C}{\partial x} \qquad \text{(Eq.I.11)}$$

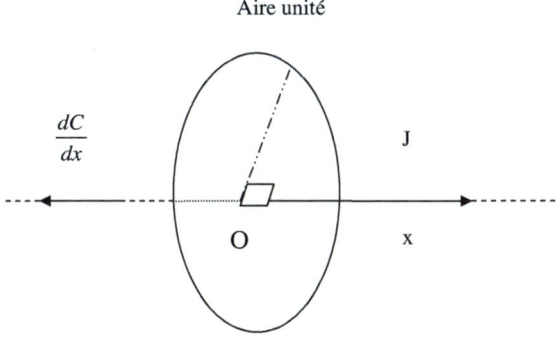

Figure I.6. Schéma du flux à travers une section d'aire unité

Le coefficient de proportionnalité est alors appelé D, coefficient de diffusion, et le signe négatif est dû à l'opposition entre les sens de diffusion et d'accroissement de la concentration.

Cette forme de la 1ère équation de Fick concerne le cas des systèmes de diffusion unidimensionnelle comme celui des membranes planes où la diffusion n'intervient que dans le sens perpendiculaire à l'épaisseur. Elle est représentative d'un système "polymère caoutchoutique – pénétrant gazeux" dans lequel la diffusion du pénétrant peut être considérée comme régie uniquement par ses mouvements browniens.

Néanmoins, cette équation reste valable dans les systèmes où le coefficient de diffusion est une fonction de la concentration [35]. Elle prend ainsi la forme suivante :

$$J = -D(C)\frac{\partial C}{\partial x} \qquad (Eq.I.12)$$

La 2ème équation de Fick tenant compte de l'évolution du gradient de concentration en fonction du temps, permet de décrire le système pendant son régime d'établissement.

$$\frac{\partial C}{\partial t} = -\frac{\partial J}{\partial x} \qquad (Eq.I.13)$$

Pour les systèmes où le coefficient de diffusion est constant (Eq. I.11), l'équation I. 13 devient :

$$\frac{\partial C}{\partial t} = D\frac{\partial^2 C}{\partial x^2} \qquad (Eq.I.14)$$

I.5.2 La diffusivité

Le coefficient de diffusion rend compte de l'aptitude du perméant à se disperser dans le polymère.

I.5.2.1 Nature du perméant

On conçoit que la taille et la forme du pénétrant aient une grande importance. Plus son diamètre est important, plus l'énergie nécessaire à sa mobilité dans le polymère est élevée. Chern et col [36] ont représenté les variations des coefficients de diffusion (à dilution infinie) de divers perméants (gaz et vapeurs) en fonction de leur taille (volume de Van der Waals). L'effet est beaucoup plus marqué dans le cas des polymères vitreux (cf. figure I.6).

En ce qui concerne la forme, les molécules allongées diffusent jusqu'à mille fois plus vite que les sphériques de même volume moléculaire [37].

I.5.2.2 Nature du polymère

A l'inverse de la solubilité qui dépend assez peu de la nature du polymère, la diffusivité dépend fortement de la nature du polymère.
Jouant le rôle de « sondes moléculaires » [38], les molécules de perméant apportent des informations sur la structure du polymère. Les modèles de diffusion s'appuient sur un déplacement du perméant par sauts successifs entre microcavités préexistantes au sein du polymères ou crées par apport d'énergie (cavités fluctuantes) . [39]

On conçoit ainsi que la diffusivité dépende à la fois de la taille du perméant, de l'architecture du polymère et de la mobilité des segments de chaînes. La réticulation ralentit la diffusion. A l'inverse, la présence de plastifiants réduit les interactions entre les chaînes et favorise leur mobilité.

Selon que l'on se place au dessous ou en dessus de la température de transition vitreuse T_g, un polymère est plus ou moins rigide. La diffusion est généralement plus rapide dans un polymère caoutchoutique ($T>T_g$) que dans un vitreux ($T<T_g$).

Le taux de cristallinité joue un rôle important dans le cas des polymères semi-cristallin. La diffusion ne se produit que dans la phase amorphe. L'augmentation de la phase cristalline conduit à une diminution du volume de phase disponible pour ce processus. De plus, les phases cristallines constituent des obstacles aux mouvements du perméant. L'augmentation de la cristallinité augmente aussi le libre parcours moyen. La diffusion est donc ralentie. On en rend compte par une relation du même type que celle utilisée pour la solubilité :

$$D=D_0\left(1-\chi_c\right) \qquad \text{(Eq.I.15)}$$

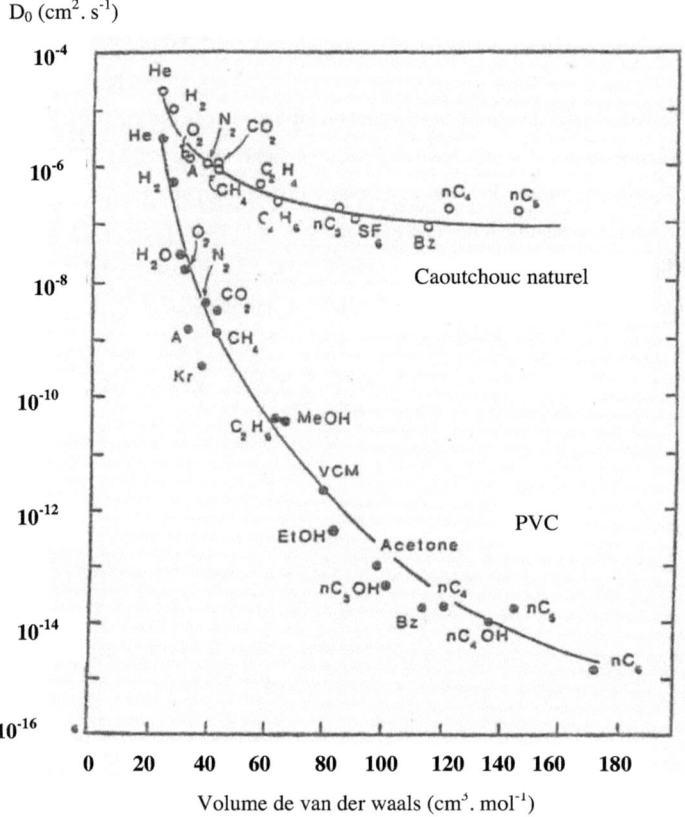

Fig.I. 6 : Evolution du coefficient de diffusion à dilution infinie D_0 en fonction de la taille du perméant dans un polymère caoutchoutique (caoutchouc naturel) et dans un polymère vitreux (poly (chlorure de vinyle)).

χ_c étant la fraction cristalline du polymère.

I.5.2.3 Influence de la température

La diffusion est un processus activé thermiquement (mouvement brownien).

L'effet de la température est également décrit par une loi de type (Van't Hoff)- Arrhénius :

$$D(T) = D_0 \, e^{\left(-\frac{E_D}{RT}\right)}$$
(Eq.I.16)

E_D est l'énergie d'activation de la diffusion qui est utilisée à la fois pour créer des cavités fluctuantes et pour permettre les sauts du perméant.

La diminution de la valeur du coefficient de diffusion avec l'accroissement de la taille du perméant est directement liée à une augmentation de l'énergie d'activation E_D.

I.6 PERMEATION

I.6.1. Régime stationnaire en perméation

Les procédés de séparation fonctionnent le plus souvent en régime stationnaire. Sur le plan pratique il est surtout intéressant d'exprimer le flux stationnaire de perméation J_S (correspondant à $\frac{\partial C}{\partial t} = 0$ dans l'équation I.13) à travers la membrane.

L'intégration de l'équation I.11 dans ces conditions conduit, dans le cas d'un film d'épaisseur L (Figure I.7) à l'équation:

$$J_S = D \frac{(C_A - C_B)}{L}$$
(Eq. I. 17)

Où C_A et C_B sont les concentrations (maintenues constantes) du perméant respectivement à l'interface amont et aval de la membrane et D est supposé indépendant de C.

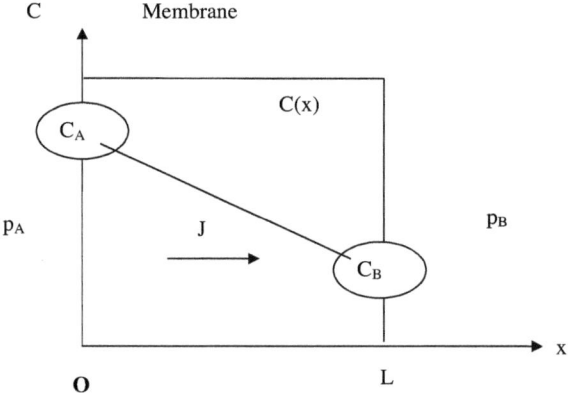

Figure. I. 7. Profil de concentration du perméant dans la membrane

l'équation I.2 peut aussi s'écrire sous la forme:

$$C = S(C) \cdot p \qquad \text{(Eq. I. 18)}$$

où $S(C)$ est un coefficient de solubilité dépendant du polymère et de la nature du gaz (il augmente généralement avec le poids moléculaire du perméant). Ce coefficient peut varier avec la concentration, cependant lorsque celle-ci reste faible, l'équation (I.18) peut être assimilée à la loi de Henry qui suppose un coefficient de solubilité, $S = k_D$, constant.

Le report de l'équation I.17 conduit à l'expression (en considérant que dans les conditions pratiques de perméation $p_B \ll p_A$ et $C_B \ll C_A$):

$$J_s = D \frac{S(C_A) p_A}{L} \qquad \text{(Eq. I. 19)}$$

le coefficient moyen de perméabilité P, égal au produit $D.S(C_A)$, permet de relier directement le flux stationnaire à la pression de gaz appliquée en amont de la membrane.

Le coefficient de perméabilité est une caractéristique du matériau membranaire alors que le flux stationnaire J_S est fonction du système membranaire dans la mesure où il dépend de l'épaisseur de la membrane, de la différence de pression appliquée, de la diffusivité et de la solubilité du gaz.

Et le coefficient de perméabilité devient:

$$P(C_A) = D \cdot S(C_A) \qquad \text{(Eq. I. 20)}$$

dans le cas où la loi de Henry peut s'appliquer ($S(C_A) = k_D$ constante), le coefficient de perméabilité devient à température donnée, une constante fonction du polymère et du gaz perméant:

$$P = D \, k_D \qquad \text{(Eq. I. 21)}$$

A température donnée, Stannet et Szwarc [40] introduisent deux fonctions caractéristiques, l'une du polymère F(i) et l'autre du gaz G(k). Ils considèrent alors que la perméabilité $P_{i,k}$ du polymère i au gaz k est le produit de ces deux fonctions et d'un terme correctif $\xi_{i,k}$ qui tient compte des interactions spécifiques entre le gaz et le polymère.

$$P_{i,k} = F(polymère).G(gaz).\xi_{i,k} \qquad \text{(Eq. I. 22)}$$

L'intérêt de cette loi est de séparer les rôles du perméant et du polymère.
Cette relation a été vérifiée pour différents polymères et gaz permanents. Les auteurs proposent des tables pour les trois paramètres. Cependant, la fonction F peut être modifiée par le taux de cristallinité, la teneur en adjuvants, etc….

Les variations des fonctions F et G avec la température suivent une loi de Van't Hoff-Arrhénius. Il en est de même de la perméabilité.

$$P(T) = P_0 \, e^{\left(-\frac{E_P}{RT}\right)} \qquad \text{(Eq. I. 23)}$$

E_p est l'énergie d'activation apparente de perméation, positive. En regard des équations (I.1), (I.9), (I.16) et (I.23), E_p est la somme des énergies d'activation de solubilité et de diffusion.

$$E_p = \Delta H_s + E_D \qquad \text{(Eq. I. 24)}$$

Remarque : Une unité souvent utilisée pour exprimer le coefficient de perméabilité est le Barrer(1 Barrer étant égal à 10^{-10} cm³(STP).cm.cm⁻².s⁻¹.(cm Hg)⁻¹). On exprime dans ce cas la pression en (cm Hg). Avec cette unité :

S est en cm^3(STP).(cm^3 de polymère)$^{-1}$.(cm Hg)$^{-1}$
et P en cm^3(STP).cm.cm^{-2}.s^{-1}.(cm Hg)$^{-1}$;

I.6.2 Sélectivité

L'aptitude de la membrane à séparer les constituants d'un mélange A/B, ou "sélectivité", provient de la différence entre les vitesses de perméation des molécules de A et B soumises à un même gradient de pression. Elle est souvent caractérisée par un "facteur de séparation idéale" défini comme le rapport des coefficients de perméabilité des constituants A et B considérés séparément:

$$\alpha_{A/B} = \frac{P_A}{P_B} = \left(\frac{D_A}{D_B}\right)\left(\frac{S_A}{S_B}\right) \qquad \text{(Eq. I. 25)}$$

L'équation I. 25 fait ressortir les deux composantes qui gouvernent la sélectivité de la membrane, la sélectivité de diffusivité (D_A/D_B) et la sélectivité de solubilité (S_A/S_B).

Il est à noter que le facteur de séparation effectif du mélange peut différer sensiblement du paramètre $\alpha_{A/B}$ dans la mesure où les coefficients de perméabilité de A et B en mélange peuvent varier avec la composition de celui-ci.

P et $\alpha_{A/B}$ sont deux caractéristiques déterminantes dans le choix d'un matériau membranaire.

Cependant l'utilisation de membranes à "transport facilité" permet d'améliorer ces deux paramètres à la fois.

I.7 TRANSPORT FACILITE

I.7.1 Mécanisme

Le transport facilité a été observé il y a de nombreuses années dans le cadre des systèmes biologiques. Le premier cas de transport facilité de gaz a été mentionné par P.F. Scholander, qui a réalisé le transport de l'oxygène à travers une fine pellicule de solution d'hémoglobine

[41]. Au milieu des années soixante on a découvert de nouveaux types de composés macrocycliques neutres qui sont capables de complexer les ions alcalins d'une solution et de les transporter sous cette forme à travers des membranes biologiques. L'un de leur grand intêret est l'aptitude à discriminer des ions très voisins tel que Na^+ et K^+ [42].

Ceci a été le point de départ de nombreuses investigations expérimentales et théoriques pour des systèmes à membranes artificielles.

De nombreux articles sont consacrés à l'étude du transport facilité à travers des membranes liquides supportées [43,44,45,46,47,48,49,50,51,52,53,54] qui sont utilisées pour la séparation de composés hydrocarbonés, la récupération et l'élimination d'acides aminés, la récupération et la purification d'ions métalliques et diverses applications biochimiques... [45].

En général on considère une réaction réversible et régie par la loi d'action de masse:

$$S+T \rightleftharpoons ST$$

Où S est le substrat, T, le transporteur, ST, le complexe. On suppose, que le transporteur réagit avec un substrat pour former le composé ST (Fig.I.8.) à l'une des surfaces de la membrane [55] (coté , puis diffuse à travers celle-ci et se dissocie à l'autre face. Cette combinaison de la diffusion et du couplage transport-réaction accélère la séparation.

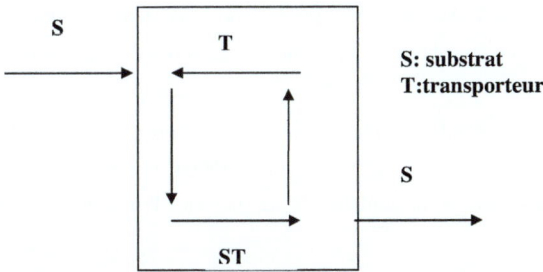

Figure.I. 8. Schéma du transport facilité de **S**.

I.7.2 Transport Facilité de l'Ethylène

Le terme de "transport facilité" est utilisé pour désigner un processus qui nécessite la coexistence d'un mécanisme de diffusion et d'une réaction chimique réversible spécifique entre un perméant et une espèce (transporteur) présente dans la membrane elle même.

Ainsi la perméation des gaz dans les membranes à transport facilité se déroule selon deux mécanismes parallèles :premièrement la dissolution-diffusion des gaz non complexés et deuxièmement la diffusion du complexe transporteur-gaz réactif.
Le flux total à travers la membrane est la somme de deux flux : celui du complexe et celui du gaz non complexé.

Le mécanisme par lequel le transport facilité de l'éthylène a lieu dans une membrane "active" est schématisé par la figure I.9. A l'interface amont de la membrane, l'éthylène et l'éthane sont tous les deux absorbés. Cependant seul l'éthylène forme un complexe avec le transporteur(Ag^+) entrainant une augmentation importante de sa solubilité dans la membrane.

A travers la membrane l'éthylène et l'éthane sont tous deux transportés par dissolution-diffusion, l'éthylène est, de plus, transporté par diffusion du complexe Ethylène-Ag^+.
la dissociation du complexe éthylène-Ag^+ conduit à la désorption de l'éthylène à l'interface aval de la membrane.

Le flux d'éthylène complexé dépend de la concentration en ions Ag^+, de la stabilité du complexe Ethylène/ Ag^+ et de la pression amont d'éthylène. Les flux de l'éthylène et de l'éthane "libres" dépendent de la solubilité de ces gaz dans la membrane et de leur pression amont.

La sélectivité du transport par dissolution- diffusion dépend de la matrice polymère de la membrane $\alpha_{éthane}^{éthylène} = \dfrac{P_{éthylène}}{P_{éthane}}$, alors que la sélectivité du transport sous forme de complexe est en théorie absolue dans la mesure où la réaction est spécifique à 100% de l'éthylène.

La sélectivité du processus global dépend de l'importance relative des deux types de transport (fixée par les conditions opératoires).

Dans le cas des membranes "liquides supportées" [56,57,58,59,60,61] le complexe éthylène- Ag^+ est mobile, il diffuse dans la phase liquide de la membrane et transporte l'éthylène en faisant la navette entre l'amont et l'aval. Dans les membranes polymères solides [62,63,64], le mécanisme est tout autre. L'éthylène diffuse dans la membrane par saut d'un site fixe à un autre tout au long de la matrice polymère (figure I.9.).

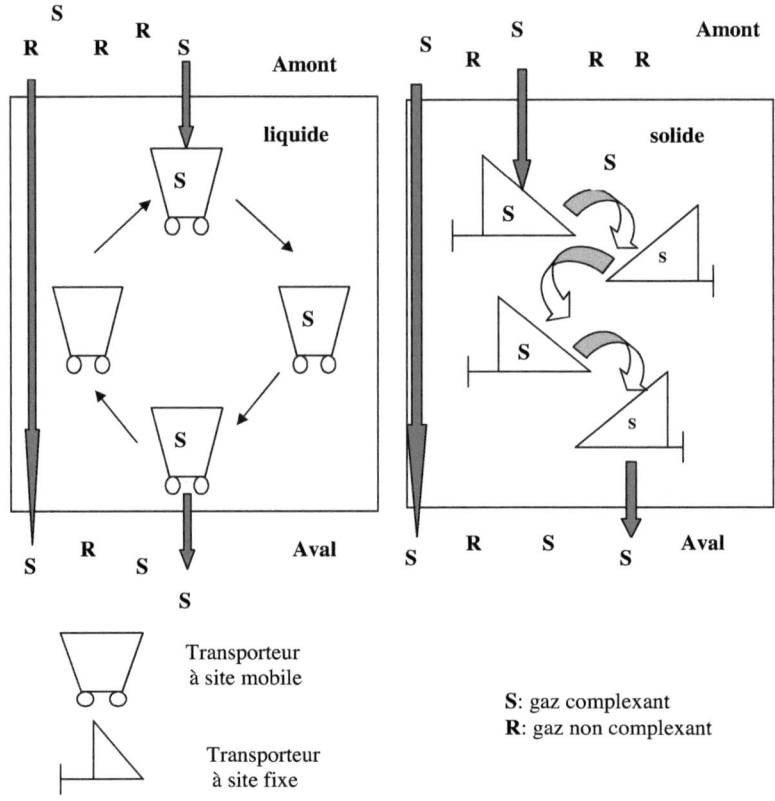

Figure I.9. Schéma de transport facilité de molécules gazeuses dans le cas: d'une membrane liquide supportée (sites mobiles) et d'une membrane polymère solide (sites fixes)

I.7.3 Avantages et inconvénients des membranes polymères liquides et solides à transport facilité

I.7.3.1 Membranes polymères liquides supportées

Il s'agit de membranes de faible épaisseur effective dont la phase liquide est caractérisée par:
✓ une faible viscosité
✓ une faible volatilité [65]
✓ une compatibilité avec le matériau polymère support.
et dont le transporteur se trouve à concentration élevée dans le milieu liquide.
On peut noter parmi les principaux avantages des membranes polymères liquides supportées:
✓ une haute sélectivité vis à vis de certains pénétrants ayant une affinité avec le transporteur
✓ une haute diffusivité des molécules de pénétrant.
ceci n'empêche que ce système présente certains inconvénients:
✓ un transporteur à faible concentration par rapport à la membrane polymère prise globalement.
✓ le transporteur est rendu progressivement inactif à cause de son oxydation (oxygène de l'air, UV…)
✓ perte de solvant et de transporteur (évaporation, dilution…).

I.7.3.2 Membranes polymères solides

Il s'agit d'une membrane de faible épaisseur contenant un transporteur présent à haute concentration dans la matrice polymère et très sélectif vis à vis du soluté.
Le complexe soluté- transporteur présente une constante de liaison élevée.
Le principal avantage de ce type de membranes c'est qu'elles présentent une haute sélectivité vis à vis de certains pénétrants (gaz ou vapeurs).
Les membranes polymères solides présentent certains inconvénients limitant leur utilisation à l'échelle industrielle:
✓ Perte progressive de mobilité du transporteur
✓ Lorsqu'il est à l'état solide le tansporteur devient inactif après sa fixation.
✓ La réactivité chimique du transporteur fixe n'est pas uniforme d'où les sites sont rendus moins accessibles

✓ Formation de défauts dans la membrane (fissuration, porosités...)

✓ Faible diffusivité des molécules de pénétrant (encombrement stérique).

I.8 LES COPOLYMERES

Ce sont des polymères comprenant deux unités répétitives A et B provenant de deux monomères différents qui peuvent être couplés de différentes façons. On distingue trois types de copolymères:

I.8.1 Les copolymères aléatoires ou statistiques

Ils sont composés d'une alternance statistique (au hasard) des monomères tout au long de la chaîne.

A-A-A-A-B-B-A-A-A-B-B-B-B-B

Les propriétés de ces macromolécules dépendent fortement des rapports quantitatifs des différentes unités structurales.

Un cas particulier de copolymères statistiques est celui des polymères alternés

A-B-A-B-A-B-

I.8.2 Les copolymères greffés

Ils sont constitués d'une chaine d'un homopolymère sur laquelle viennent se greffer des chaines latérales d'homopolymères de natures différentes ou greffons de longueurs variables

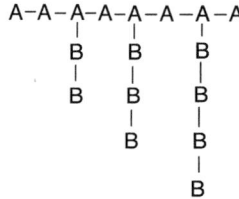

Figure I. 10. Structure d'un copolymère greffé

Un cas particulier est celui des copolymères en forme de peigne dont les greffons sont de longueurs identiques. Ils sont utilisés comme adhésifs;

Ces réactions de greffage constituent une très bonne méthode pour modifier les polymères, en général cette modification se fait directement sur des films par des techniques d'irradiation (rayons γ, rayons X, faisceau d'électrons).

I.8.3 Les copolymères à blocs

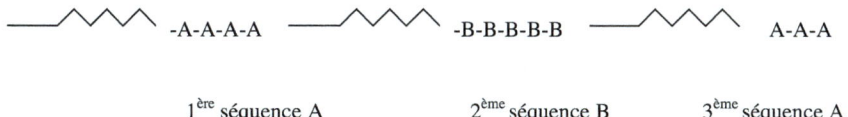

1ère séquence A   2ème séquence B   3ème séquence A

Figure I. 11. structure d'un copolymère à bloc

Ces copolymères sont constitués de blocs d'unités monomères assemblées en séquences, les blocs peuvent être non miscibles entre eux induisant alors une séparation de phase ; les blocs se répartissent alors en microdomaines.

Ce phénomène modifie totalement la morphologie du matériau qui voit ses propriétés évoluer considérablement.

Les copolymères séquencés sont le plus généralement obtenus par des méthodes de synthèse procédant en plusieurs étapes selon l'un des deux modes suivants:

    ✓ Création sur un polymère existant ou en cours de formation, de sites actifs susceptibles d'amorcer la polymérisation d'un deuxième monomère.

    ✓ Réaction des groupes réactionnels situés aux extrémités de la chaîne d'un oligomère avec les groupes réactionnels situés aux extrémités d'un autre oligomère de nature différente.

I.8.4 Les Polyéthers Bloc Amide (Peba)

Il s'est avéré que l'on pouvait obtenir des produits ayant des propriétés originales [66] en associant par séquençage des séquences rigides (polyamides, polyuréthanes, polyesters aromatiques ou polysulfones) et des séquences souples ou flexibles (polyéthers, polyesters aliphatiques, polydiènes ou polyvinyliques).

Figure I. 12. Structure des PEBA

Dans les PolyEthers Blocs Amide (ou "Peba"), les séquences polyéther à température ambiante se trouvant ainsi au dessus de leur température de transition vitreuse (T_g) agissent comme des ressorts souples tandis que les cristallites de polyamide jouent le rôle de nœud de réticulation.

Les propriétés des Peba peuvent être modifiées par:

- ✓ La modification de la longueur ou la masse molaire du bloc polyamide ainsi que par celle du type de polyamide incorporé qui déterminent le point de fusion, la résistance chimique et la masse volumique du copolymère.
- ✓ Le type de polyéther utilisé qui règle l'hydrophilie et les propriétés antistatiques du matériau.
- ✓ La fraction massique de la séquence polyamide relativement à celle du polyéther qui détermine la flexibilité et la dureté du copolymère.

Les propriétés mécaniques des Peba sont données en fonction de la dureté. Cette dureté diminue de 30 points shore D entre -60 et 80°C. [67]

La résistance chimique est meilleure pour les duretés élevées.

Leur densité est faible. La reprise d'humidité dépend des zones de PA et PE.

Les PEBA ont une résistance superficielle de 10^{13} Ω. Leur rigidité diélectrique va de 25 à 35 kV/ mm.

La température d'utilisation doit être supérieure à -60°C (T_g du PE).

Propriété	Pebax[R] 7233	Pebax[R] 7033	Pebax[R] 6333	Pebax[R] 5533	Pebax[R] 4033	Pebax[R] 3533
Dureté	72D	69D	63D	55D	40D	35D
Résistance à la traction, Ultime (Psi)	6210	8300	8100	7300	5700	5600
Elongation, Ultime (%)	360	400	300	430	390	580
Résistance aux chocs (Psi)	107000	67000	49000	29000	13000	2800

Tableau.I. 1 Résumé des propriétés des Peba

L'ensemble de ces propriétés permet aux Peba de trouver des applications très variées dans des secteurs divers ; ils sont ainsi utilisés, principalement, comme : additifs anti-statiques, élastomères thermoplastiques pour moulage, extrusion (tubes, tuyaux, films), assemblage ...

Le point qui nous intéresse plus particulièrement est le fait que les Peba possèdent des propriétés intéressantes en perméation gazeuse [68,69,70]. En effet, sa structure de copolymère polyéther/polyamide lui donne un caractère très sélectif pour certains gaz.

Les blocs polyamides lui confèrent ses propriétés mécaniques alors que les blocs polyéthers permettent le passage des gaz à travers le polymère .

I.9 COMPLEXES OLEFINES- CATIONS METALLIQUES

L'interaction des oléfines avec les métaux de transition a été étudiée depuis 1938 [71].

Dewar [72] et Chatt et al [73] ont proposé un modèle expliquant le mode de liaison oléfine-métal de transition. Selon ce modèle l'ion métallique est symétrique par rapport au plan de l'oléfine. Beverjik et al [74] étudient en détail le mécanisme de complexation oléfine-Ag$^+$, ils rapportent que le complexe formé résulte de deux interactions:

   ✓ L'oléfine agit comme un électron donneur σ avec une orbitale vacante 5d de l'ion Ag$^+$ qui joue le rôle d'accepteur d'électrons, on parle ainsi de liaison σ entre l'oléfine et Ag$^+$

   ✓ Une orbitale pleine 4d de l'oléfine donne ses électrons non liants à une orbitale vacante π* de l'ion Ag$^+$ qui joue le rôle des liaisons Ether, ainsi on parle de liaison π entre l'oléfine et Ag$^+$.

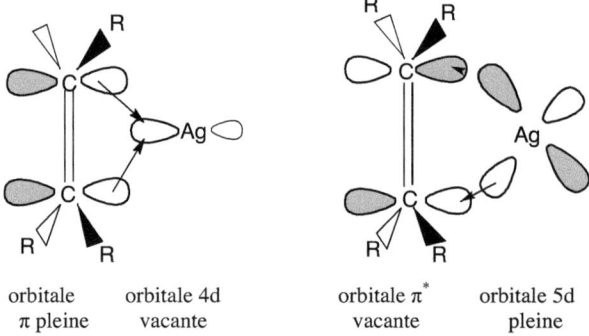

| orbitale | orbitale 4d | orbitale π* | orbitale 5d |
| π pleine | vacante | vacante | pleine |

Figure I.13 Schéma représentatif du mécanisme de complexation oléfine-Ag

I.9.1 Préparation des membranes composites polymère/M$^+$

Pour préparer des membranes polymères solides le sel est généralement dissous dans la matrice polymère à l'état fondu en formant des paires (anions, cations). Dans le cas d'une matrice Pebax, l'interaction entre le cation métallique du sel dissous et la paire d'électrons de l'atome donneur (ici l'oxygène des ponts éther) peut rendre la membrane solide conductrice ionique. La solvatation des cations métalliques par les hétéroatomes du polymère favorise la séparation des paires d'ions du sel et leur mobilité.

Pour être une matrice efficace [3], le polymère doit remplir deux conditions:

-il doit comporter des atomes avec suffisamment d'électrons donneurs pour former des liaisons de coordination avec le cation métallique.

-il doit avoir une énergie suffisante pour fournir le mouvement segmentaire suffisant des chaines de polymères.

I.10 LES NANOCOMPOSITES

I.10.1 Définition

Les nanocomposites constituent une classe spécifique de nouveaux matériaux dans lesquels les charges ont une dimension de l'ordre du nanomètre.[75] (1 nm= 10^{-9} m).

L'intérêt croissant de la recherche pour les nanocomposites rend ce domaine d'étude dynamique et en perpétuelle évolution. Cette branche très active de la Recherche et Développement aux Etats- Unis [76] commence à déboucher sur de premières applications industrielles et commerciales, qui restent encore cependant limitées à quelques types de matériaux.

Les nanocomposites à matrice polymère et à renforts d'argile (ex: Montmorillonite) font figures de leaders au niveau des premières applications: les processus de mise en forme des polymères sont largement maîtrisés et peu coûteux; les argiles naturelles sont faciles à extraire et sont des candidates idéales pour constituer des nanorenforts.

Les propriétés nouvelles des nanomatériaux laissent aussi entrevoir des applications intéressantes dans le domaine des membranes sélectives pour la séparation des gaz et des vapeurs.

I.10.2 Classification des nanocomposites

Les nanocomposites peuvent être classés selon leur origine, on distingue les nanocomposites naturels et les nanocomposites synthétiques.

I.10.2. 1 Les nanocomposites naturels

Ceux-ci se trouvent en grande variété dans la nature (les os, les toiles d'araignée, ...).
Certaines graminées font précipiter des nanoparticules de silice SiO_2 sous différentes formes
(bâtonnets, feuilles).

I.10.2.2 Les nanocomposites synthétiques

Les métaux purs et leurs alliages cristallisent dans des phases qui dépendent, pour un
matériau donné de la température et de la composition chimique du matériau.
L'intérêt croissant pour les petits agrégats et particules métalliques dans ces dernières
décennies a montré le rôle joué par la taille du matériau sur la stabilité d'une phase structurale
[76] . Ainsi on peut stabiliser à température ambiante dans une particule une phase obtenue
uniquement à haute température dans le matériau massif.

Le noir de carbone compte parmi les nanoparticules les plus utilisées dans le domaine
des nanocomposites [77]. Il est obtenu par pyrolyse contrôlée d'hydrocarbures en phase
vapeur. Le diamètre moyen des particules de noir de carbone commerciaux varie de 0,01 à 0,4
μm tandis que celui des agrégats se situe entre 0, 1 et 0, 8μm. Le noir de carbone est
largement utilisé comme charge de renfort dans les élastomères pour sa résistance à l'abrasion
et sa rigidité. Il sert aussi de pigment noir dans les encres d'imprimerie et les peintures, de
stabilisant contre les UV. Il est utilisé pour élaborer des polymères conducteurs électriques, et
la fabrication de matériaux isolants résistants aux hautes températures.

On peut aussi classer les nanocomposites suivant la matrice. Suivant la nature de la
matrice ces nanocomposites peuvent être utilisés à des températures plus ou moins élevées.
Parmi ces nanocomposites on distingue ceux à matrice polymère qui se développent de plus
en plus, vues leur importance commerciale et la maîtrise de nombreux procédés de
fabrication.

I.10.3 Avantages des nanocomposites

Comparés aux composites à renforts micrométriques, les nanocomposites présentent certains avantages:

✓ Une amélioration significative des propriétés mécaniques, notamment de la résistance, sans compromettre la ductilité du matériau, car la faible taille des particules ne crée pas de larges concentrations de contraintes.

✓ Augmentation de la conductivité thermique et de certaines propriétés optiques. Les nanoparticules ayant des dimensions en deçà de la longueur d'onde de la lumière visible (380-780nm) permettent au matériau de conserver ses propriétés optiques ainsi qu'un bon état de surface.

✓ La diminution de la taille des renforts que l'on insère dans la matrice conduit à une importante augmentation de la surface totale des interfaces dans le composite. Or c'est cette interface qui contrôle les interactions entre la matrice et les renforts, expliquant une partie des propriétés singulières des nanocomposites.

Il est à noter que l'ajout de nanoparticules améliore de manière notable certaines propriétés avec des fractions volumiques beaucoup plus faibles que pour les particules micrométriques, on obtient ainsi:

✓ A performances égales, un gain de poids important ainsi qu'une diminution des coûts puisque l'on utilise moins de matières premières (sans tenir compte du surcoût des nanorenforts).

✓ Une meilleure résistance pour des dimensions structurales similaires.

✓ Une augmentation des propriétés barrière pour une épaisseur donnée.

✓ Une amélioration de la permsélectivité des polymères: cas du composite PEO/ $AgBF_4$ en utilisant comme charges des nanoparticules de sel d'argent [78].

I.10.4 Applications des nanocomposites

Même si les nanocomposites sont très présents au niveau de la recherche, peu sont actuellement disponibles commercialement. Cependant certaines applications accélèrent leur transfert technologique vers l'automobile, l'emballage ou la tenue au feu. Ces applications concernent surtout les matériaux à matrice polymère puisque les procédés de fabrication sont largement maîtrisés et à faible coût.

Joly et al. [79] montrent que le caoutchouc naturel pénètre facilement dans les galeries de la Montmorillonite, conduisant à des structures intercalées et une exfoliation partielle. De faibles fractions volumiques de feuillets d'argile permettent d'augmenter significativement le module des matériaux [79,80,81,82,83].

L'effet de renfort de l'argile serait principalement associé à l'incorporation de particules rigides (effet hydrodynamique), présentant une forte anisotropie des feuillets [79].

L'incorporation de petites quantités d'argiles augmente les propriétés de barrière vis à vis de l'eau et des gaz. En effet les lamelles de silicate que l'on retrouve dans la structure de l'argile sont imperméables à l'eau et aux gaz. Ainsi elles augmentent la distance à parcourir pour les molécules qui diffusent. La quantité d'argile incorporée dans les polymères et la forme et l'orientation des lamelles et la qualité de leur distribution contribuent à l'amélioration des propriétés de barrière des emballages à base de polymères.

I.11 NANOPARTICULES METALLIQUES

Les nanoparticules métalliques occupent une place importante parmi les nanocharges en raison de leurs propriétés électriques, optiques et catalytiques particulières. Afin d'optimiser les propriétés physicochimiques de ces nanoparticules, plusieurs études se sont intéressées à leur préparation et au contrôle de leur taille et de leur forme.

D'une façon générale les particules métalliques sont obtenues par action d'un agent réducteur sur un sel du cation métallique (ex: $AgNO_3$). L'agent réducteur peut être la lumière UV ou un donneur d'e$^-$. Par exemple, en solution, la formation d'Ag métallique est le résultat direct du transfert d'électrons à partir de l'agent réducteur (acide ascorbique) vers Ag^+ selon:

$2\ AgNO_3 + C_6H_8O_6 \leftrightarrow 2\ Ag^0 + C_6H_6O_6 + 2HNO_3$

l'acide ascorbique est un agent réducteur puissant en milieu acide, ayant l'avantage de convertir la totalité des ions Ag^+ en argent métallique même en solution concentrée où le taux d'acide nitrique (agent oxydant fort) est très élevée. [84] Cependant à des concentrations d'acide nitrique assez élevées, les nanoparticules d'argent qui viennent de se former se redissolvent et ceci surtout à température élevée.

De récentes études rapportent que le PEG 400 ou le PEG 600 (réducteur) permettent de contrôler la taille et la forme des nanoparticules métalliques. Celles-ci dépendent de la température réactionnelle et de la concentration du sel précurseur ($AgNO_3$). Un précurseur hautement concentré permet de former des nanoparticules à haute cristallinité. L'activité réductrice du PEG est d'autant plus importante que sa masse est élevée. Par ailleurs, comparés à d'autres agents réducteurs parfois utilisés, comme l'hydrazine et le DMF, le PEG est compatible avec l'environnement. [85]

La synthèse in- Situ de nanoparticules métalliques dans une matrice polymère peut se faire principalement par deux méthodes consistant d'abord à disperser le sel précurseur dans le polymère puis à réduire le cation métallique soit 1) par voie chimique en présence d'un agent réducteur lui aussi dissous dans la matrice soit 2) par irradiation UV de la matrice. [86]

Les propriétés catalytiques souvent attendues des métaux finement divisés laissent envisager de nouvelles applications dans le domaine des membranes polymères "actives".

CHAPITRE II : MATERIELS ET METHODES

II.1 INTRODUCTION

La première partie de ce chapitre est consacrée au matériau polymère de base utilisé pour réaliser nos membranes composites. On précisera ses propriétés physicochimiques et le mode d'élaboration de la membrane de PA12- PTMO/ AgBF₄.

Dans la deuxième partie on présentera les techniques mises en œuvre pour étudier le transport des gaz dans la membrane élaborée. Elles sont au nombre de deux: une analyse gravimétrique pour caractériser la sorption des gaz dans le matériau membranaire et une technique de perméation "intégrale" pour caractériser le transport transmembranaire des gaz purs.

D'autres techniques seront nécessaires pour examiner la morphologie de la membrane, telles que la microscopie électronique à balayage (MEB) et la microscopie électronique à transmission (MET).

II.2 STRUCTURE ET PRINCIPE DE SYNTHESE DU PEBAX

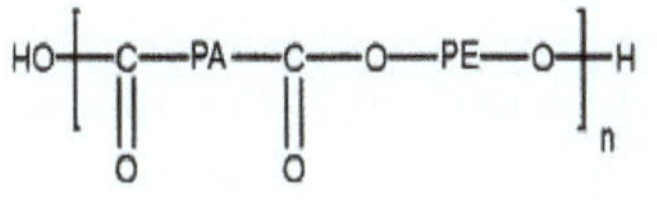

Fig. II. 1. Structure générale du Pebax

Les copolymères multiséquencés polyéther bloc amide utilisés sont des élastomères thermoplastiques synthétisés par polycondensation [66] en masse d'oligoamides dicarboxyliques et d'oligoéthers terminés par deux fonctions alcools.

Les oligo amides dicarboxyliques sont obtenus par polycondensation d'un lactame, d'un amino acide ou d'un mélange de diacide et de diamine avec un diacide selon le schéma suivant:

$$\text{HO} \left[\begin{array}{c} C - (CH_2)_{11} - N \\ \parallel \qquad\qquad | \\ O \qquad\qquad H \end{array} \right]_b \begin{array}{c} C - R - C \\ \parallel \qquad \parallel \\ O \qquad O \end{array} \left[\begin{array}{c} N - (CH_2)_{11} - C \\ | \qquad\qquad \parallel \\ H \qquad\qquad O \end{array} \right]_c \text{OH}$$

oligo amide dicarboxylique

Dans une deuxième étape, l'oligo amide dicarboxylique est condensé avec le polyéther glycol à température légèrement plus faible (200-250°C). Cette réaction est catalysée par des dérivés organométalliques tels que les tétra alcoolates de titane [Ti (OR)$_4$]. Ou de zirconium.

$$\text{n [Oligo amide dicarboxylique] + n [HO-Polyéther-OH]} \quad \overset{\text{200-250°C}}{\underset{\text{catalyse}}{\rightleftharpoons}}$$

$$\text{HO} \left[\left[\begin{array}{c} C - (CH_2)_{11} - N \\ \parallel \qquad\qquad | \\ O \qquad\qquad H \end{array} \right]_b \begin{array}{c} C - R - C \\ \parallel \qquad \parallel \\ O \qquad O \end{array} \left[\begin{array}{c} N - (CH_2)_{11} - C \\ | \qquad\qquad \parallel \\ H \qquad\qquad O \end{array} \right]_c O - \text{Polyéther} - O \right]_n H \quad +2\ H_2O$$

l'oligo amide constitue un segment rigide, tandis que l'oligo éther est un segment souple.

Les procédés de préparation de copolymères font intervenir des réactions chimiques entre groupes terminaux fonctionnels de deux oligomères différents ou d'un polymère et d'un monomère et nous aurons ainsi respectivement une polycondensation ou une polyaddition.

Les copolymères obtenus par l'une ou l'autre des deux méthodes sont appelés polycondensats. Il s'est avéré que l'on pouvait obtenir des produits ayant des propriétés originales en associant par séquençage des séquences rigides(polyamides, polyuréthanes, polyesters aromatiques ou polysulfones) et des séquences souples ou flexibles (polyéthers, polyesters aliphatiques, polydiènes, ou polyvinyliques).

Les séquences polyéther à température ambiante se trouvant au dessus de leur température de transition vitreuse (T_g) agissant comme des ressorts souples tandis que les cristallites de polyamide jouent le rôle de nœud de réticulation.

II.3   ELABORATION   DES   MEMBRANES COMPOSITES

Le polyamide 12 cobloc polytétraméthylèneoxide (PA12-PTMO) nous est fourni par la société ARKEMA (ex: Atochem(ATOFINA France)). La membrane est ensuite préparée au laboratoire PBM, UMR 6522, CNRS, Rouen (France).

II.3.1. Choix du polymère

On a choisi comme polymère le Pebax 2533 (Tableau II.1) car c'est celui qui comporte, parmi la série de PEBAX, la plus grande proportion en blocs souples responsables du transport dans le matériau tandis que les blocs rigides sont responsables de la tenue mécanique du matériau.

Polymère	% massique en PA12	Densité (g/cm^3)	Température de fusion du PA (°C)	Température de fusion du PE (°C)
2533	20	1,01	126	10
3533	30	1,01	155	18
4033	46	1,01	180	30
1657	40	1,14	204	49

Tableau II. 1. Propriétés physiques des différents grades de PEBAX

II.3.2 Choix du solvant

Le comportement macroscopique d'un polymère vis-à-vis d'un solvant peut être prévu, dans le cadre de la théorie de Flory- Hugins, par la valeur prise par le paramètre χ qui est adimentionnel. Ce paramètre exprime l'interaction solvant/polymère.

Une série de solvants a été testée pour dissoudre le PA12-PTMO :

-le méthanol à 80°C.

-l'éthanol à 75°C.

-l'isopropanol à 80°C.

le solvant le plus convenable pour la dissolution de notre polymère est l'éthanol.

Il s'agit d'un solvant polaire de type alcool, qui n'est pas trop volatil et qui est non toxique

ce solvant est utilisé par Morisato [2] pour dissoudre le PA12-PTMO.

II.3.3 Préparation de la membrane

Le polymère est mis en solution dans l'éthanol , cette solution est ensuite chauffée sous agitation à 80°C . En parallèle on prépare une solution de tétrafluoroborate d'argent(AgBF$_4$) dans l'éthanol à 2g/l.

On mélange les deux solutions tout en chauffant (toujours à 80°C) sous agitation pendant 10 min. Ce mélange sera par la suite coulé dans une boite de pétri en verre placée bien horizontalement .

On laisse évaporer le solvant pendant 48h à température ambiante, puis on décolle la membrane (épaisseur $\cong 80\mu$m).

II.4 TECHNIQUES DE MESURE DE SORPTION

Le plus souvent, on enregistre la prise de masse d'un échantillon de taille et de forme connue, placé dans une enceinte à atmosphère contrôlée ou immergé dans un liquide. Dans le cas le plus simple, la pesée se fait de manière discontinue en retirant l'échantillon de son milieu de sorption. Le principal inconvénient de cette méthode est l'interruption du processus de sorption à chaque pesée.

Pour s'en affranchir, on a cherché à intégrer le système de pesée à l'intérieur même du milieu de sorption, autorisant ainsi une mesure en continu. Ceci s'est avéré possible pour les milieux à atmosphère contrôlée.

Une solution simple est la balance de McBain [87] schématisée sur la figure II.2. Elle convient pour les gaz et vapeurs. Leur pression partielle peut être ajustée et régulée. La prise de masse est suivie par l'élongation d'un ressort en quartz, particulièrement sensible [88]. Pour des raisons de sensibilité, la méthode ne s'applique qu'à des échantillons dont l'absorption est supérieure à 1% en masse.

Toutefois, l'évolution des techniques a permis d'améliorer nettement le suivi des cinétiques de sorption et d'accroître la sensibilité des mesures.

Parmi les appareillages récents, on peut citer la balance de Cahn. Elle fonctionne par compensation électromagnétique de la force créée par la masse de l'échantillon.

Souvent un système anticondensation permet de s'affranchir de celle-ci dans le cas de sorption de vapeurs facilement condensables. [89].

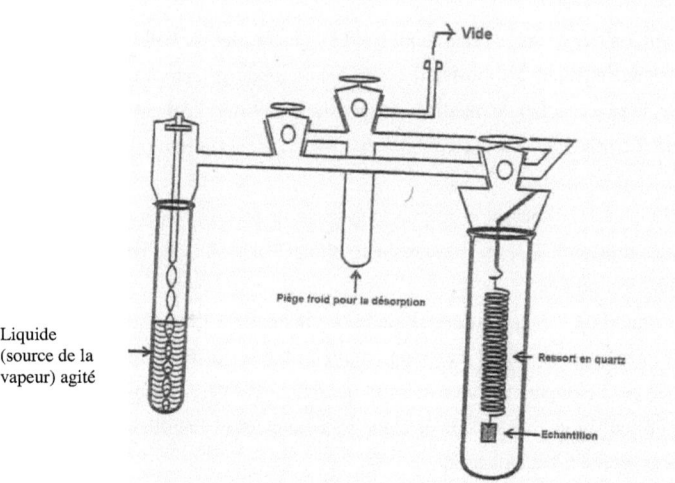

Liquide
(source de la
vapeur) agité

Figure.II. 2. Schéma de la balance de McBain

Un dispositif un peu différent est utilisé par Perrin et coll [90], la mesure de la masse est assurée par une microbalance à suspension électromagnétique libre Sartorius 4201. L'échantillon est isolé de toute influence dans la chambre de sorption. La pesée est réalisée par lévitation et donc très sensible aux moindres vibrations.

Il existe aussi la micro-balance à cristal de quartz (Figure II. 3), système électro-acoustique très sensible pour l'analyse de la masse et de la viscoélasticité de couches minces adsorbées à la surface d'un cristal piézoélectrique. La fréquence de résonance du cristal peut être facilement déterminée avec une haute précision, habituellement moins de 1 Hz, la masse adsorbée à la surface peut être détectée dans l'échelle du ng/cm^2. Il a été démontrée qu'il y a une corrélation directe entre la masse adsorbée (ex: vapeur) à la surface du cristal et la fréquence de résonnance.

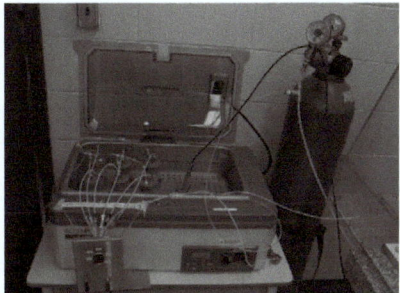

Figure II. 3. Microbalance à cristal de quartz

Dans cette catégorie d'appareillage, le laboratoire PBM- UMR 6522 est équipé d'un Analyseur gravimétrique "IGA" [91] dont le principe de fonctionnement est détaillé ci dessous.

II.4.1 Analyse gravimétrique IGA

II.4.1.1 Principe

Les mesures de sorption ont été réalisées à l'aide d'une microbalance électronique IGA (Intelligent Gravimetric Analyser), fabriquée par la société Hiden Analytical (Warrington, Angleterre). Cet appareil permet de mesurer la variation de masse d'un échantillon, consécutive à l'absorption ou à la désorption d'un pénétrant (gaz ou vapeur) à pression et température contrôlées. Il possède plusieurs configurations de fonctionnement

1) En mode de fonctionnement "statique", l'échantillon est plongé dans un milieu contenant le pénétrant pur (gaz ou vapeur) à pression et température régulées. Suivant que l'échantillon absorbe ou désorbe, l'appareil admet ou soustrait du pénétrant pour maintenir constante la pression du milieu.

2) En mode dynamique, le gaz ou un mélange gazeux binaire circule à tout instant au niveau de l'échantillon (admission et élimination simultanées). A la fois sa pression, son débit et sa température sont régulés de façon permanente.

3) En mode "Humidifier", un gaz vecteur à débit controlé, est amené dans un humidificateur dans lequel son taux d'humidité (ou activité de la vapeur d'eau a) est porté à une valeur controlée et constante. Ce gaz humide circule ensuite, à pression atmosphérique et température controlée, autour de l'échantillon.

Cet appareil permet de réaliser des cycles et des paliers successifs de pression et d'activité. Toutefois, il est limité, dans le cas des vapeurs, en mode statique, à leur valeur de pression saturante pour T=55°C. Cette température est, en effet, maximale pour le système d'anti-condensation. La pression en mode gaz est limitée à 10 bars et la température à 80°C en mode humidifier.

II.4.1.2 Description de l'appareillage

L'appareil, illustré par la photo de la figure II. 4, est un modèle IGA-003. Il peut utiliser tous les types de pénétrants (vapeur et gaz). Il est composé des éléments suivants :

• le cryothermostat (1),

• le système de pompage: une pompe à membrane pour le vide primaire et une pompe turbomoléculaire (2) pour une pression finale inférieure à 10^{-8} mbar,

• le mélangeur de gaz et boîtier de contrôle des débits gazeux (3),

• le boîtier de visualisation de la pression et de contrôle de la pompe turbomoléculaire (4),

• l'habitacle (5) , plus détaillé dans la figure II.5. a, où sont situés: la balance, les capteurs, les vannes de contrôle et le générateur de vapeurs,

• le réacteur (6), entouré d'une chemise thermo-régulée reliée au cryothermostat, éventuellement remplacée par le dispositif "humidifier"

• l'acquisition et l'ordinateur de traitements (7).

Au sein de la chambre de sorption (ou réacteur), on trouve la nacelle où est placé l'échantillon. La nacelle peut être adaptée à tout type de géométrie (film, copeaux, poudres, granulés…). Elle est reliée à la tête de balance par une chaîne en or.

L'ensemble est contrôlé et régulé par un équipement informatique qui gère également l'acquisition des données.

Les mesures ont été réalisées, dans notre cas, en mode (gaz) statique (éthane et éthylène) et en mode humidifier (Figure.II.5. b) (eau).

II.4.1.3 Mode opératoire

On place l'échantillon (de masse inférieure à 200 mg) dans le réacteur et on purge le système (appareil et échantillon) pendant environ 24 h, jusqu'à l'obtention d'un poids constant. Une fois cela effectué, la masse sèche de l'échantillon M_0 est mesurée.

Le perméant est amené ensuite par paliers de pression successifs, jusqu'à sa pression de vapeur saturante, pour les vapeurs, ou jusqu'à une pression limite pour les gaz. Chaque palier de pression nous permet de suivre la cinétique de la variation de masse au cours du temps. On utilise par la suite chaque masse à l'équilibre (poids constant indiquant la fin de la cinétique) pour construire l'isotherme de sorption.

a) Sorption de vapeur d'eau en mode "humidifier"

Pour une température de 25°C, la pression de vapeur saturante (p_{sat}) de l'eau est de 31,76 mbars. La montée d'humidité (ou activité de l'eau) comprend 6 paliers successifs (a= 0,078; 0,157; 0,314; 0,472; 0,629; 0,787).

A température donnée, l'activité de la vapeur, a, est le rapport de la pression de vapeur, p, à la pression de vapeur saturante, p_{sat}.

$$a = \frac{p}{p_{Sat}}$$ (Eq.II.1)

la pression de vapeur saturante est différente pour chaque température et suit en très bonne approximation la loi d'Antoine [92].

$$\log p_{Sat} = A_1 - \frac{A_2}{A_3 + T}$$ (Eq.II.2)

où p_{Sat} est exprimée ici en torr(1bar =750,062 torr), T est la température en °C et A_1, A_2 et A_3 sont des constantes avec

A_1= 8,09553

A_2= 1747,32

A_3= 235,074.

Quelque soit la température, l'activité de l'eau, a, (ou humidité relative HR) est régulée dans "l'humidifier" grâce à une sonde d'humidité reliée au PC (Figure II.5. b).

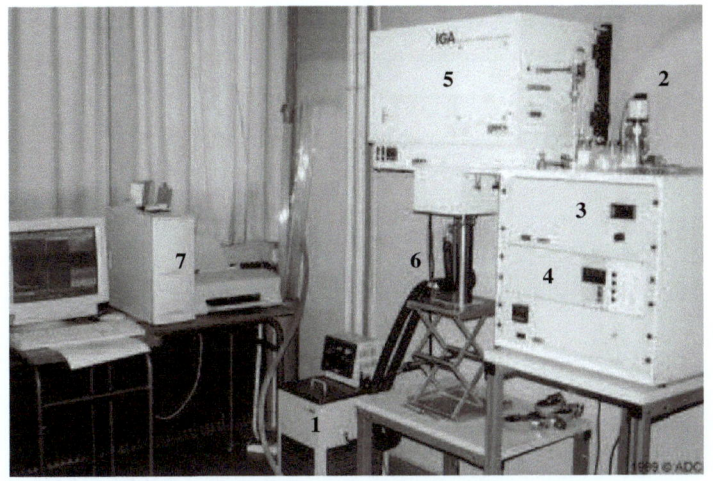

Figure II. 4 : Photo de l'I.G.A. (ensemble du système)

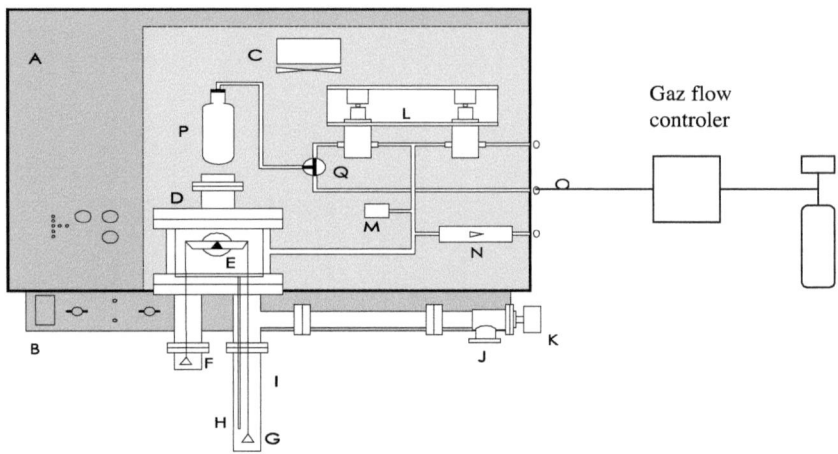

A   Habitacle thermostaté (montré sur un dispositif anti-vibration)
B   Connections électriques externes
C   Thermorégulateur
D   Assemblage pour pressurisation et vide
E   Fléau et tête de balance(microbalance avec une sensitivité de ± 1µg et pour des
    échantillons jusqu'à 5g)
F   Nacelle de tare/ contrepoids
G   Nacelle échantillon
H   Capteur de température(résolution de 0,01°C)
I   Enceinte amovible
J   Port pour le vide
K   Vanne d'isolation pression-vide
L   Contrôleur de pression/ Entrée du gaz
M   Transducteur de pression
N   Vanne de relâchement de la pression
O   Ports externes (admission/ sortie de gaz / soupape de sécurité)
P   Générateur de vapeur
Q   Vanne trois voies

Figure.II.5. a: représentation détaillée de l'habitacle principal.(configuration mode statique
gaz et vapeur).

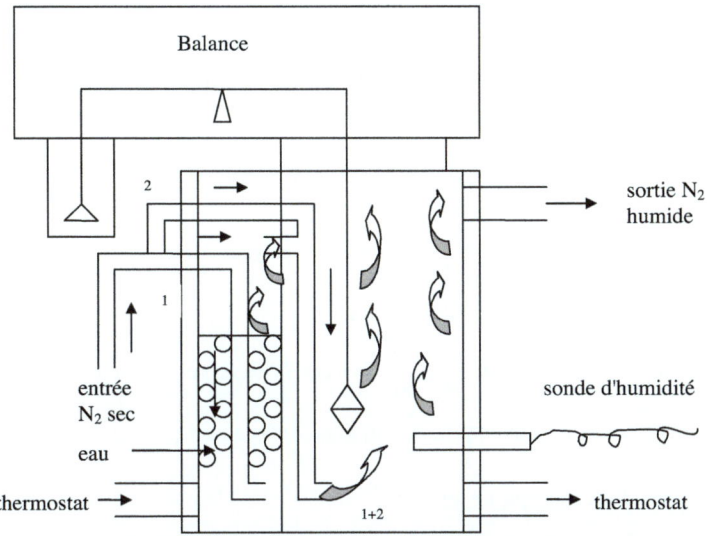

Figure.II.5. b. Représentation du mode "Humidifier"

b) <u>Sorption de l'éthane et de l'éthylène en mode "static gaz"</u>

Les mesures réalisées à 25°C concernent une membrane dont l'épaisseur est d'environ 80μm. Le cycle de sorption effectué couvre une gamme de 0 à 3 bars, avec des incréments de 250 mbars entre 0 et 0,5 bars et de 500 mbars entre 0,5 et 3 bars (p= 250 mbar; 500 mbar; 1000 mbar; 1500 mbar; 2000 mbar; 2500 mbar; 3000 mbar).

II.4.1. 4. Analyse de la courbe d'acquisition

a) <u>Définitions</u>

- Masse de référence de l'échantillon "sec"= M_s (en g, mg ou μg)

- Masse de pénétrant absorbé (absorbat)= m (en g, mg ou μg)

La teneur en pénétrant de l'échantillon à l'équilibre peut s'exprimer de différentes façons par rapport au polymère sec (à l'équilibre $m = m_\infty$):

- Pourcentage massique: $T = \dfrac{m_\infty}{M_s} \times 100$ en % du polymère sec

- Concentration: $C = \dfrac{m_\infty}{M_A} \dfrac{1}{M_s}$ en mole/g de polymère sec

Avec M_A = masse molaire de l'adsorbat en g/mol

On peut aussi exprimer C par $\dfrac{m_\infty}{M_A} \dfrac{22414}{M_s}$ en cm³STP/g de polymère sec

22414= V_0 = volume standard (0°C, 1 atm) d'une mole de gaz

b) <u>Au cours d'une cinétique de sorption</u>

- Au temps t = 0 de la sorption, la masse de l'échantillon est M_0 (g, mg ou μg)

- Au temps t de la sorption, la masse de l'échantillon est M_t

- A l'équilibre, la masse de l'échantillon est M_∞

Avec $M_0 = M_s + m_0$ (m_0 = masse d'absorbat déjà présent au temps t= 0 de la sorption)

$M_t = M_s + m_t$ (m_t = masse d'absorbat au temps t)

$M_\infty = M_s + m_\infty$ (m_∞ = masse d'absorbat à l'équilibre)

- Le taux d'avancement de la sorption est défini par:

$$\frac{M_t - M_0}{M_\infty - M_0} = Q_t = \frac{m_t - m_0}{m_\infty - m_0} = \frac{\Delta m_t}{\Delta m_\infty}, \text{ il est compris entre 0 et 1 (à l'équilibre).}$$

c) <u>Mesure de sorption dans les gaz sous pression- correction d'archimède</u>

- Masse apparente de l'échantillon= M_R (mesurée) (en g, mg ou μg).

$M_R = M - W_A + W_B$; M est la masse réelle de l'échantillon

avec:

- W_A (en g, mg ou μg) est dû à la poussée d'Archimède exercée sur l'échantillon

Elle se calcule:

$W_A \approx \dfrac{M_s}{\rho_p} \times \rho_g$ où ρ_p est la masse volumique du polymère (sec)

ρ_g est la masse volumique du gaz

$\dfrac{M_s}{\rho_p}$ représente le volume de l'échantillon

- ρ_g dépend de la pression et de la température:

$\rho_g = M_g \dfrac{p_g}{RT}$ où M_g est la masse molaire du gaz, p_g sa pression

R la constante des gaz parfaits (=83118 cm^3 mbar K^{-1} mol^{-1})

T la température en K

- W_B est la résultante de la poussée d'Archimède et du poids des différents éléments de la balance à vide (contrepoids, fléaux, chaines, fils,nacelle vide…). Cette quantité peut être positive ou négative, le mieux est de la calibrer en fonction e la pression appliquée. Dans notre cas elle est positive et s'aoute au poids réel de l'échantillon (proportionnelle à p_g)

En conclusion: $\qquad M = M_R + W_A - W_B$

Avec, rappelons le: $M = M_s + m$

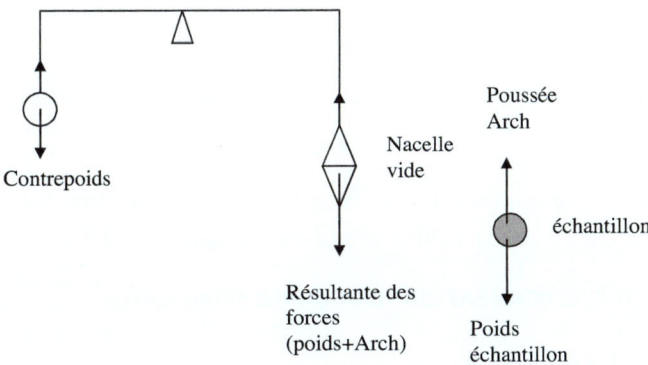

Figure II.6. schéma du principe de la balance de sorption

d) <u>isotherme de sorption</u>

les courbes obtenues $m_\infty = f(p_g)$ doivent être retraitées pour obtenir l'isotherme de sorption (Figure.II. 7) exprimée par exemple en concentration de perméant sorbé, C, en fonction de la pression perméant appliquée p_g (pour les gaz).

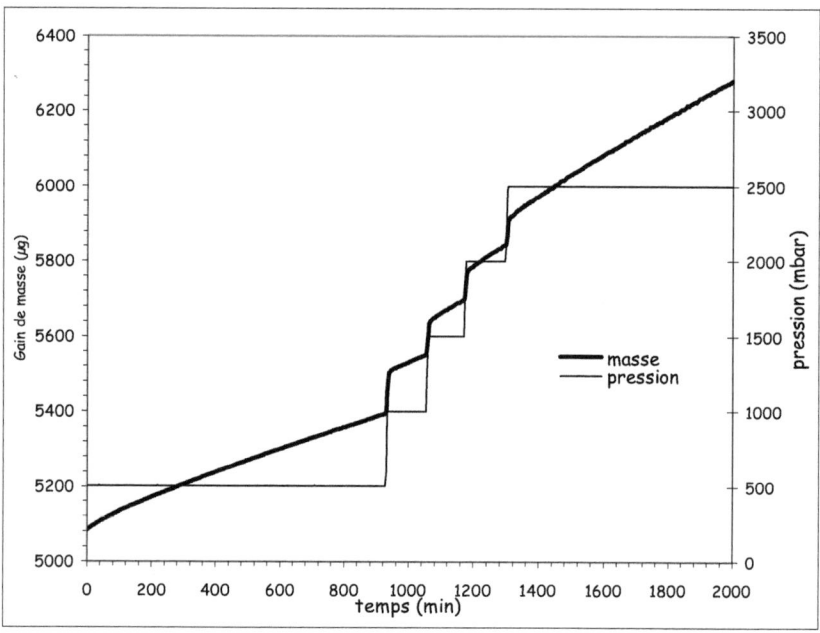

Figure.II. 7. enregistrement de l'I.G.A. obtenu lors de la sorption d'éthane dans la membrane Pebax/ AgBF$_4$ à 20% en masse d'AgBF$_4$ à T= 25°C.

II.4. 2. PERMEATION "INTEGRALE"(TIME-LAG)

II.4.2. 1. Principe

Cette technique consiste à mesurer la quantité de perméant ayant traversé, au temps t, un film polymère soumis à une différence de pression constante. Le montage présenté dans la partie suivante permet d'employer comme pénétrant tous les gaz purs courants (N_2, CO_2, éthylène, éthane,...). La pression aval reste proche de zéro, alors que la pression de gaz appliquée du côté amont de la membrane polymère peut couvrir une gamme de 0 à 8 bars.

Pour des raisons de reproductibilité des résultats, on travaillera entre 0 et 3 bars.
Il est également possible de travailler à une température variable sur ce type de montage.
Le système est inclus dans une enceinte thermostatée qui régule la température dans un domaine $10 \prec T \prec 45°C$

II.4.2. 2. Description du montage

La figure II.7 représente une schématisation du montage expérimental de perméation "intégrale". Celui-ci se compose des éléments suivants:
• une alimentation en gaz (A), reliée à un capteur 0-25 bars (C_1) déterminant la pression amont appliquée,
• une cellule de perméation (D) où se situe le film polymère,
• un volume récepteur (E), calibré avec précision ($V_{av} = 98,13$ cm^3), recueillant le perméant du côté aval,
• un capteur 0-3 bars (C_2) mesurant la pression atmosphérique,
• un capteur 0- 15 mbars (C_3) raccordé à un système d'acquisition (F) qui trace la remontée de pression en aval, p_{av}, en fonction du temps,
• une pompe à palette (G) permettant l'établissement du vide dans le montage.

L'ensemble du système est thermostaté dans une étuve (H). La série de vannes (B) isole une partie ou la totalité du montage (vannes B_2, B_3, B_4 et B_5) de l'alimentation en gaz (vanne B_1), de l'air ambiant (vanne B_6) ou du vide.

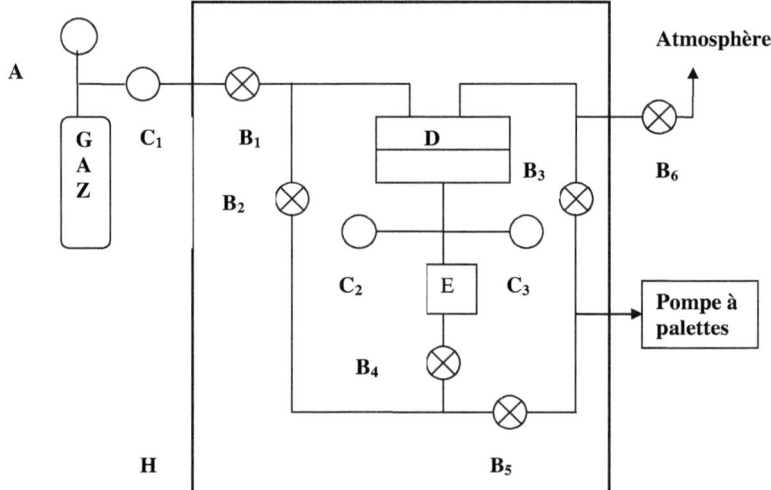

Figure II. 7: Représentation du montage de perméation "intégrale" ou time-lag.

Le film polymère est installé dans la cellule de perméation sur une grille support. Cette grille évite aux membranes trop fragiles les déchirures potentielles dues à la différence de pression. La surface active S_A du film dans la cellule représente 11,34 cm^2.

Le volume récepteur (E) est suffisamment grand pour que la phase aval reste à une pression, p_2, négligeable par rapport à la pression de gaz appliquée du côté amont, p_1, et mesurée grâce à un capteur de précision.

II.4.2. 3. Mode opératoire

Après la mise en place de l'échantillon dans la cellule, le système est purgé pendant 24 heures. Les gaz étudiés (éthylène et éthane) sont appliqués à une pression relative de 3 bars en amont de la membrane. La mesure est arrêtée lorsque la pression aval devient supérieure à 10 mbars.

La durée de la mesure est plus ou moins longue, dans notre cas elle peut durer de 2 à 6 heures.

Le système est alors de nouveau purgé avant de recommencer une nouvelle mesure. L'échantillon à analyser doit être maintenu en purge pendant au moins 24 heures.

a) <u>Analyse de la courbe d'acquisition</u>

La détection de la quantité Q_t de perméant ayant traversé le film au temps t est de type manométrique pour ce montage. C'est la pression aval du perméant, p_2, qui est mesurée en fonction du temps.

D'après Crank et Park [93], en théorie, en régime quasi-stationnaire, on a:

$$Q_t = \frac{S_A P p_1}{L}\left(t - \frac{L^2}{6D}\right)$$ (Eq.II. 6)

Expérimentalement, P, est déterminé d'après la pente $\dfrac{dQ_t}{dt}$ de la courbe $Q_t = f(t)$, Pour les temps longs (régime quasi-stationnaire):

$$P = \frac{L}{S_A p_1}\frac{dQ_t}{dt}$$ (Eq.II. 7)

Où L est l'épaisseur de la membrane polymère, S_A est sa surface active et p_1 est la pression de perméant appliquée à la face amont de la membrane.

Ainsi, il faut relier la quantité Q_t à la pression mesurée p_2 dans le cas spécifique de ce montage.

La quantité de perméant peut être exprimée par son nombre de moles, n_A, multiplié par le volume molaire, V_M.

$$Q_t = n_A \times V_M$$ (Eq.II. 8)

Or en utilisant la loi des gaz parfaits dans des conditions standards de pression et de température(STP),

$$V_M = \frac{RT_{std}}{P_{std}} \cong 22414 \text{ cm}^3\text{STP.mol}^{-1}$$ (Eq.II. 9)

Où R est la constante des gaz parfaits, T_{std} =0°C ou 273, 15K et p_{std}= 1 atm ou 76 cmHg.

De manière identique, la pression aval peut être exprimée d'après la loi des gaz parfaits,

$$p_2 = \frac{n_A RT}{V_2}$$ (Eq.II. 10)

où T est la température expérimentale et V_2 est le volume récepteur.

En substituant les équations II.9 et II.10 dans l'équation II.8 et en dérivant par rapport au temps,

$$\frac{dQ_t}{dt} = \frac{V_2 V_M}{RT} \frac{dp_2}{dt}$$
(Eq.II. 11)

En négligeant la pression aval de perméant par rapport à la pression amont ($p_2 \ll p_1$) et en remplaçant $\dfrac{dQ_t}{dt}$ dans l'équation II.7 par sa valeur dans l'équation II.11

$$P = \frac{L V_2 V_M}{S_A p_1 RT} \frac{dp_2}{dt}$$
(Eq.II. 12)

Le coefficient de perméabilité est exprimé en Barrer (1Barrer = 10^{-10} cm^{3}STP.cm^{-1}.s^{-1}.cmHg^{-1}). Les unités de mesure sont donc choisies en conséquence

L en cm

S_A en cm^2

T en K

p_1 en cmHg, idem pour p_2

t en s.

V_2, V_M en cm^{3}STP.mol^{-1}.

Le coefficient de diffusion est calculé d'après le time-lag, t_L (voir figure II. 8), qui est l'interception de l'axe des abscisses par la pente de la courbe d'acquisition lors du régime stationnaire

$$D = \frac{L^2}{6 t_L}$$
(Eq.II. 13).

Le coefficient de diffusion est exprimé en cm^2. s^{-1} et le régime stationnaire est considéré atteint lorsque le temps de manipulation est supérieur à trois fois le time-lag.

Selon les équations (I.21, chapitre I), le coefficient de solubilité, S, est calculé en divisant le coefficient de perméabilité par le coefficient de diffusion.

$$S = \frac{P}{D}$$
(Eq.II. 14)

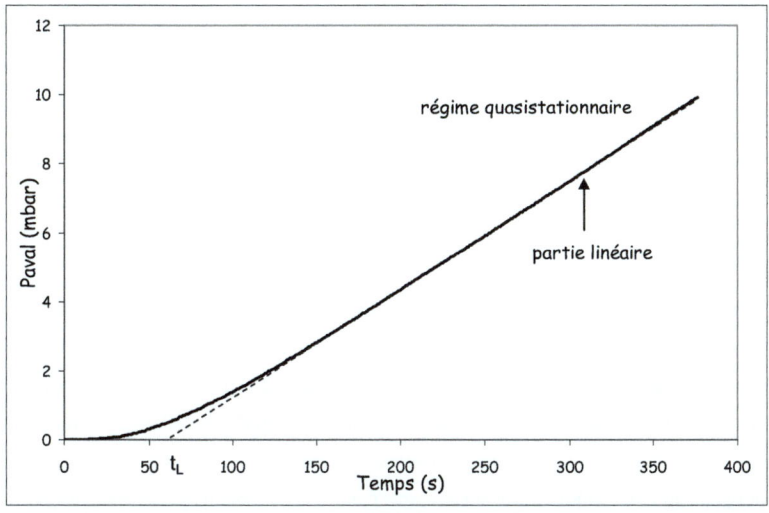

Figure.II.8. Courbe de remontée de pression de l'éthylène dans la membrane
Pebax/ AgBF$_4$ à 20% en masse d'AgBF$_4$ pour une pression amont de 3 bars et à 25°C

Le coefficient de diffusion est exprimé en cm^2. s^{-1} et le régime stationnaire est considéré atteint lorsque le temps de manipulation est supérieur à trois fois le time-lag.

Selon les équations (I.21, chapitre I), le coefficient de solubilité, S, est calculé en divisant le coefficient de perméabilité par le coefficient de diffusion.

$$S = \frac{P}{D}$$
(Eq.II. 14)

Ainsi le coefficient de solubilité est exprimé en cm^{3}STP. cm^{-3}. cmHg^{-1}.

II. 5. *MICROSCOPIE ELECTRONIQUE A BALAYAGE (MEB)*

Cette technique permet de visualiser la morphologie des membranes et de déterminer la forme et la taille des particules et cristaux existant dans la structure membranaire.

Les observations des coupes transversales des membranes sont réalisées en utilisant un microscope électronique à balayage JEOL JSM 35 CF.

Le principe de cette technique est basé sur l'utilisation d'un filament de tungstène chauffé à 2500°C, émettant des électrons qui sont concentrés et accélérés sur l'échantillon.

Les échantillons non conducteurs, tels que les membranes polymères, sont préalablement recouverts d'une fine couche d'or. Lors de l'analyse, le faisceau d'électrons primaires émis par le tungstène entraîne le décrochement des électrons de l'or (électrons secondaires). Ces derniers sont alors captés par un détecteur d'électrons. Le signal est alors intégré, amplifié et l'image peut ensuite être visualisée sur un écran cathodique.

Pour pouvoir être visualisés par microscopie électronique à balayage, les échantillons de membrane sont préparés de la manière suivante:

1. immersion de l'échantillon dans l'azote liquide,

2. cassure dans l'azote liquide,

3. métallisation à l'or,

4. observation au MEB.

II.6. *ANALYSE ENTHALPIQUE DIFFERENTIELLE*

L'analyse enthalpique différentielle (A.E.D. ou DSC) est une technique calorimétrique permettant de mesurer des échanges de chaleur. Comme les réactions chimiques et la plupart des phénomènes physiques fournissent ou consomment de l'énergie sous forme de chaleur, cette technique est utilisée pour étudier et quantifier des phénomènes thermiques (exo ou endothermiques) accompagnant une transformation (cristallisation, fusion, transition vitreuse...) [94].

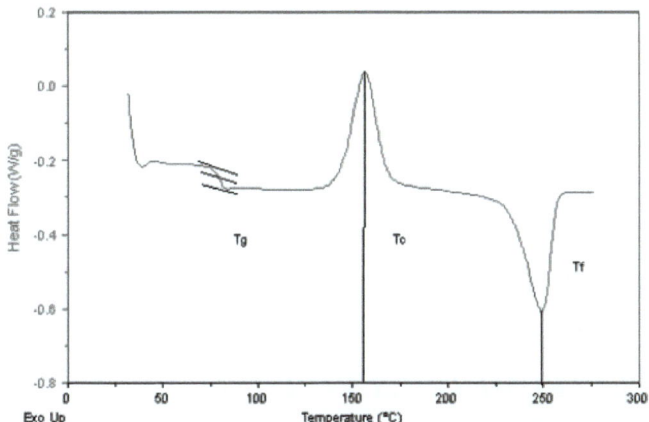

Figure.II.9. Thermogramme type, ici celui du PET

Les mesures ont été réalisées sur un calorimètre différentiel à compensation de puissance (Perkin Elmer DSC7). La calibration en température et en énergie est effectuée sur tout le domaine de température exploré en utilisant l'indium comme matériau de référence. Les analyses sont réalisées sous atmosphère d'azote. L'échantillon a été soumis à plusieurs cycles thermiques comprenant un refroidissement et un chauffage, pour s'assurer de la bonne reproductibilité des résultats. L'enregistrement a été réalisé sur le second chauffage, le premier chauffage permet d'effacer l'histoire thermique du matériau.

II.7   MICROSCOPIE   ELECTRONIQUE   A   TRANSMISSION

La MET (Microscopie Electronique à Transmission) est une technique permettant de déterminer la structure interne d'échantillons. Les mesures ont été réalisés à l'aide d'un microscope de type Tecnai (120 kV de tension d'accélération). D'un point de vue expérimental, la méthode consiste à réaliser un film "formwar" (polymère dans le chloroforme) sur une grille et de déposer une goutte de l'échantillon à analyser sur ce support . Dans notre cas, on essaye de réaliser un film de notre échantillon liquide sur une grille adaptée à la TEM par évaporation du solvant. Ces grilles peuvent être de différents matériaux. Le choix se fait suivant les échantillons à étudier. Dans notre cas, nous disposons de grilles en cuivre et en or. D'après notre mode d'élaboration et la température à laquelle nous évaporons, les deux supports peuvent être utilisées. Nous choisirons les grilles en cuivre pour des raisons économiques. Nous trempons les grilles dans la solution et évaporons pendant 6 heures à 60°C.

II.8. SPECTROMETRIE UV- VISIBLE

Cette technique consiste à faire passer un faisceau de lumière de longueur d'onde et d'intensité I_0 données à travers un échantillon (solution ou film) et à mesurer le flux sortant (I). Pour couvrir un spectre (300 nm $\langle \lambda \langle$ 700 nm), nous utilisons deux lampes, l'une à l'hydrogène et l'autre au deutérium. Le changement de lampe se fait à 340 nm.

Selon la loi de Beer-Lambert, l'absorbance est proportionnelle au rapport entre le flux émergent et le flux incident I/I_0. Cette absorbance se mesure en unité d'absorbance et est toujours inférieure à 4. Au delà, le spectre sera saturé.

Le spectrophotomètre UV-vis utilisé est de type KONTRON UVIKON 860.

Les mesures sont réalisées sur des échantillons liquides ainsi que sur des membranes.

Pour être observés en UV- Vis, les solutions ont été diluées à 0,5% en masse. Les solutions mères étaient à 10% en masse.

II.9. SPECTROSCOPIE INFRAROUGE

La spectroscopie infrarouge est une technique qui permet de déterminer les interactions intramoléculaires et intermoléculaires. Cette technique se pratique sur des échantillons solides. En mode ATR, un faisceau infrarouge pénètre dans l'échantillon sur 2 nm et est ensuite réfléchi à l'extérieur de l'échantillon. Ainsi, l'épaisseur de l'échantillon n'a aucune influence sur la mesure.

Avant chaque acquisition, il faut réaliser un spectre de l'environnement, ce qui correspond au spectre du CO_2. D'un point de vue expérimental, les spectres sont réalisés à l'aide d'un AVATAR 360 FTIR, Nicolet, avec 64 "scans" et une résolution de 4 cm^{-1} en nombre d'onde.

CHAPITRE III: RESULTATS ET DISCUSSIONS

III.1. INTRODUCTION

les matériaux hybrides à base de l'élastomère PA12-PTMO (Pebax) et de sels d'argent sont de bons candidats pour le transport facilité d'éthylène. Toutefois peu sont ceux qui ont travaillé sur des membranes constituées de ces matériaux.

Dans la première partie de ce chapitre, nous focaliserons sur la caractérisation structurale des membranes préparées par différentes techniques telles que l'IR, l'UV-Visible, la MEB.

Dans la seconde partie, nous nous intéresserons à la détermination des caractéristiques de sorption de l'éthylène et de l'éthane dans les membranes PA12-PTMO (Pebax 2533)/ AgBF$_4$.

Nous traiterons des propriétés d'équilibre des deux gaz par l'examen des isothermes de sorption qui représentent les courbes de variation de la concentration de pénétrant sorbé dans le matériau en fonction de la pression de pénétrant appliquée.

Les isothermes obtenues par les mesures de sorption sont par la suite analysées en utilisant les modèles décrits dans la littérature.

III.2. CARACTERISATION STRUCTURALE DES MEMBRANES

III.2.1. Spectroscopie infrarouge

Des mesures de spectroscopies Infra-rouge (Figure III.1) ont été réalisées sur des échantillons de membranes préparées avec différents pourcentages massiques d'AgBF$_4$: 0; 7; 22 et 35%.

Ces mesures ont été réalisées en mode absorbance et montrent, par rapport au Pebax original (0%), quelques changements dans les bandes de vibration dus à la présence du sel d'argent au sein du matériau membranaire.

Les pics caractéristiques à 1730 et 1100 cm^{-1} sont attribués respectivement aux vibrations de

valence $-\overset{|}{c}=o$ et $-\overset{|}{\underset{|}{c}}-o$ dans le Pebax.

Les deux autres pics à 1641 et 3290 cm^{-1} indiquent la présence du groupe

$H-N-\overset{|}{\underset{|}{c}}=o$ et en présence du sel AgBF$_4$, le pic intense à 998 cm^{-1} attribué à la

vibration de valence $-\overset{|}{\underset{|}{c}}-o$ croit avec l'augmentation du % en masse d'AgBF$_4$ dans la

membrane. Le fait qu'en présence du sel l'intensité des pics change alors que leur fréquence demeure constante laisse penser que l'environnement des groupes

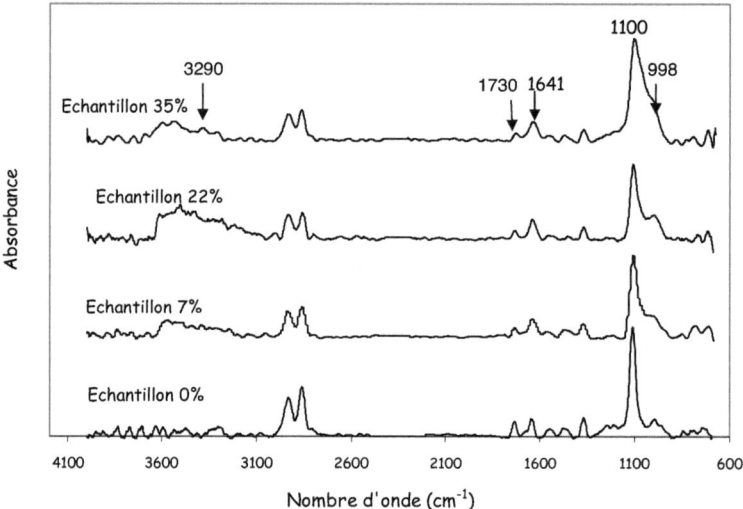

Figure III.1 spectres Infra- Rouge des membranes Pebax/AgBF$_4$ àdifférents % en masse d'AgBF$_4$

III.2.2 Spectrophotométrie UV- Visible

L'observation des membranes précédentes en spectrophotométrie UV- Vis (Figure III.2) indique l'existence d'un pic large à 410 nm. Cependant, l'absorption reste relativement élevée à toutes les longueurs d'onde (ligne de base assez haute), ce qui indique l'existence de particules de matière dispersées dans le matériau membranaire.

La couleur noircissante des membranes provient des particules colloïdales d'argent qui apparaissent avec la réduction de l'ion Ag^+. La nature de l'agent réducteur du cation métallique Ag^+ demeure incertaine. Kang & Co montrent que les sels d'argent sont partiellement réduits dans les membranes polymères à base de poly(vinylpyrrolidone), poly(2-éthyl-2-oxazoline) et poly(éthylène oxide) en nanoparticules colloidales [95]. Le sel $AgBF_4$ peut être réduit plus facilement que les sels dans lesquels les ions Ag^+ sont liés à leur contre-ions par de fortes interactions, ce qui entraine un affaiblissement de l'efficacité de l'ion Ag^+ comme agent tansporteur [95].

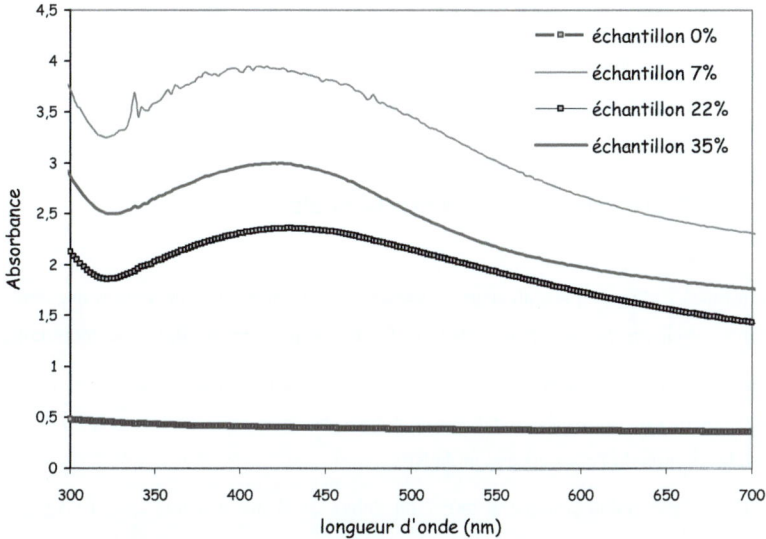

Figure III.2 Spectres UV- Visible des différentes membranes de Pebax/ $AgBF_4$ à différents % en masse d'$AgBF_4$.

III.2.3 Microscopie électronique à balayage

La Microscopie Electronique à Balayage nous a été utile afin de détecter l'existence de particules non visibles à l'œil nu dans le matériau membranaire (Figure III.3). Les images fournies par cette technique montrent l'existence de cristaux de petite taille (20 μm). Il s'agit des cristaux d'$AgBF_4$ qui sont insolubles dans le polymère. En effet, la solubilité d'$AgBF_4$

dans la matrice polymère est limitée par la capacité des ponts éther -O- dans le Pebax à interagir suffisamment fort afin de garder AgBF$_4$ à l'état solvaté.

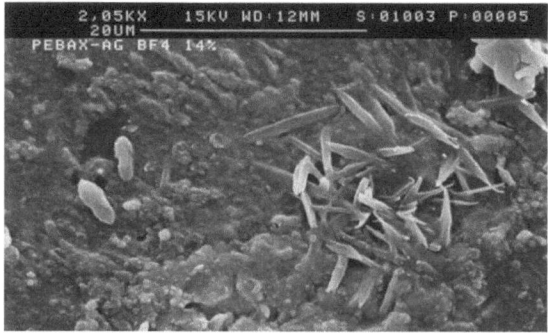

Figure III.3 Cliché MEB de la membrane Pebax à 35% en masse d'AgBF$_4$

III.2.4 Calorimétrie différentielle à balayage

Les groupes C=O sont présents dans les Pebax à des proportions plus faibles que dans les polymères employés par Kang & coll[95]. Bien que les spectre IRTF ne montrent pas d'interactions entre les groupes $-\overset{|}{\text{c}}=\text{o}$ et l'AgBF$_4$, on a une preuve indirecte de celles-ci, qui est la destruction des zones cristallines de polyamide au moment de la formation du film à partir de la solution du Pebax contenant AgBF$_4$.

En effet, le pic endothermique à 140°C du Pebax 2533 pur disparaît quand l'AgBF$_4$ est ajouté au copolymère (Fig.III.4). La disparition de ce pic est due à la fusion de la phase cristalline de PA12 dans le film Pebax. Le pic à 140°C est déplacé vers les basses températures. Ainsi l'enthalpie spécifique relative à ce pic diminue quand la taux de la fraction cristalline dans les séries de Pebax augmente (Figure.III.5).

Des observations semblables pour les mêmes séries de Pebax ont été reprises par Sheth & coll.[96]. Ces comportements impliquent une structure cristalline moins parfaite dans le cas des Pebax comportant un taux élevé en Polyéther. Cependant, une fraction cristalline résiduelle d'environ 15% calculée à partir de l'enthalpie spécifique avec une enthalpie de fusion des cristallites de PA12 d'environ 246 J/g est contenue dans le Pebax 2533.

Quand les molécules d'AgBF$_4$ sont dissoutes dans la solution de Pebax, leurs interactions avec les groupes C=O des séquences de PA12 empêche l'organisation des chaînes de PA12 dans les cristallites lors de l'évaporation du solvant, ce qui entraîne la disparition des cristallites de PA12 dans le matériau sec. Des disparitions similaires de cristallites dues aux interactions des cations Ag$^+$ avec le poly(ethylenoxide) qui dissolvent les sels d'argent est rapportée par Sunderrajan & Co. [97].

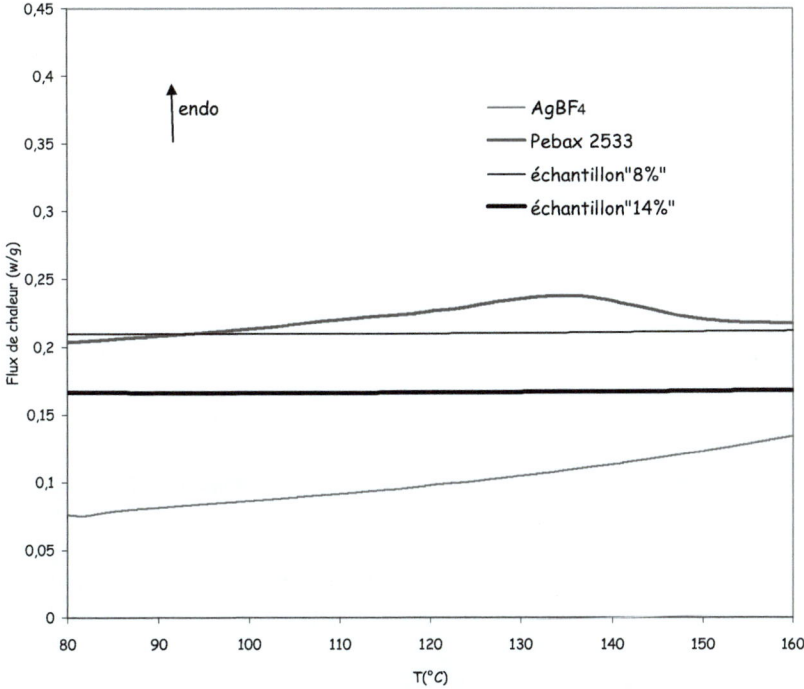

Figure III.4 Thermogrammes de DSC des membranes de Pebax 2533 contenant AgBF4 à différents % en masse.

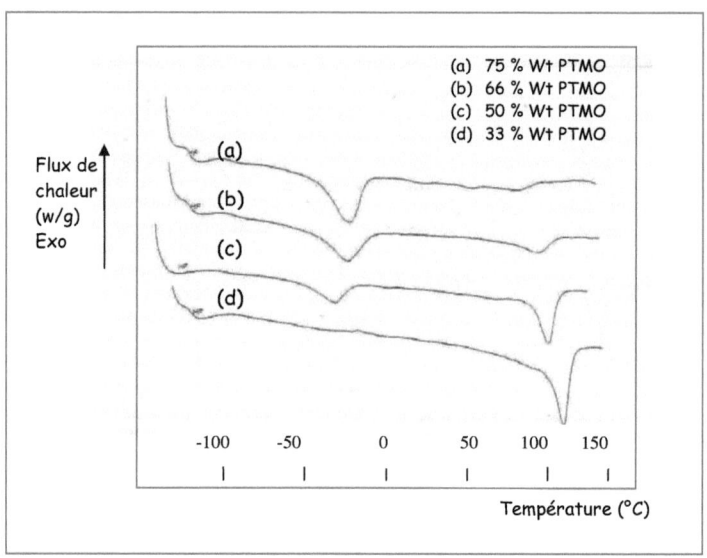

Figure III.5 Thermogrammes de DSC des copolymères de Pebax (PA12-PTMO) à différents % en masse de PTMO.

III.3 ISOTHERMES DE SORPTION D'ETHANE

Les isothermes de sorption de l'éthane dans les membranes à 0, 7, 22 et 35 % en masse d'AgBF$_4$, obtenues à 25°C sont montrées sur la figure III.6. Les isothermes sont linéaires pour les quatre membranes. Ceci indique que la sorption des gaz dans le matériau polymère suit la loi de Henry.

Ce type de sorption est semblable à la dissolution d'un gaz dans un liquide. le matériau polymère à l'état caoutchoutique peut être effectivement considéré comme un liquide organique très visqueux dans lequel tous les gaz sont solubles.Ce comportement est général pour les gaz dissous dans un polymère sans aucune interaction avec celui-ci.

Les constantes de Henry (k_d) sont calculées d'après la figure III.6 sont données dans le Tableau.III.1, ces constantes augmentent avec le pourcentage massique en sel dans la membrane puis décroissent, pour la teneur plus élevée.

% massique en sel dans la membrane	0	7	22	35
$10^2 k_D$ (cm3STP.g^{-1}.cmHg^{-1})	1.6	1.75	1.83	1.03

Tableau III.1 Constantes de Henry dans le cas de sorption d'éthane à 25°C dans les membranes de Pebax contenant différents % en masse d'AgBF$_4$.

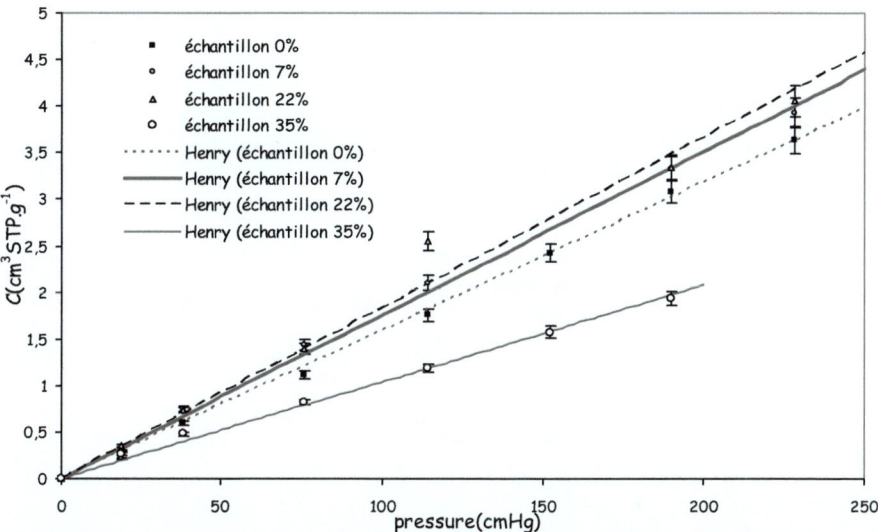

Figure III.6 Isothermes de sorption de l'éthane dans les membranes PA12-PTMO/ AgBF$_4$ à différents pourcentages en masse d'AgBF$_4$

III.4 ISOTHERMES DE SORPTION D'ETHYLENE

La figure III.7 montre les isothermes de sorption de l'éthylène dans les mêmes membranes (0, 7 et 22% en masse d'AgBF$_4$). Ces isothermes sont différentes de celles observées dans le cas de sorption de l'éthane dans ces membranes. Pour des faibles pressions en gaz, l'isotherme est légèrement concave. Il s'agit d'un comportement typique du double Mode (Dual- Mode) de sorption. Selon ce type de sorption, les molécules de gaz sont absorbées par dissolution et par sorption sur des sites fixes (sites de langmuir) dans le matériau grâce à des interactions physico-chimiques entre les molécules de gaz et ces sites fixes.

La courbure est plus faible pour les membranes contenant moins de 22% en masse d'AgBF$_4$, puis elle devient plus significative pour les membranes à 35% en masse de sel (cf. Fig III.8). La quantité sorbée d'éthylène est aussi beaucoup plus importante.

La croissance linéaire de la quantité d'éthylène absorbée en fonction de sa pression après la saturation des sites de langmuir (Figure III.8) est typique d'une contribution de type Henry (dissolution dans la matrice polymère due aux interactions faibles de type Van der Waals) à la sorption globale d'éthylène.

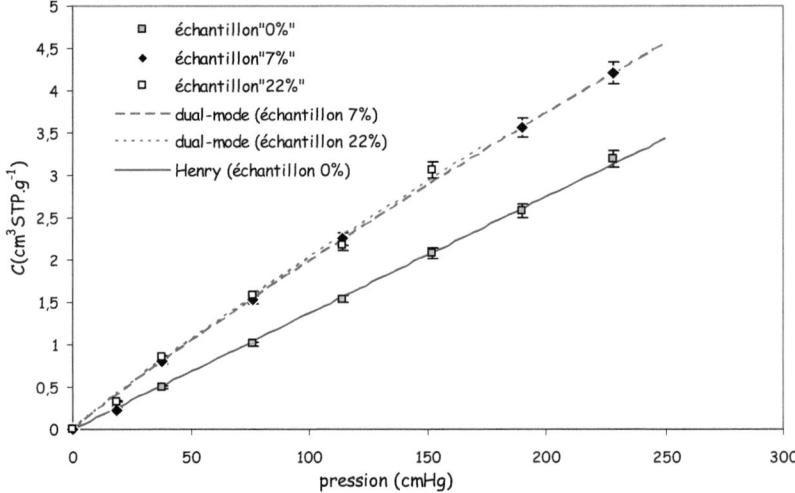

Figure III.7 Isothermes de sorption d'éthylène à 25°C dans les membranes Pebax à différents % en masse d'AgBF$_4$

La question se pose de l'origine de ce comportement de double- mode Henry- Langmuir.

Il est à noter que le Pebax est un matériau qui a une structure complexe.
Il s'agit d'un copolymère à bloc qui comporte deux types de phases: une phase de PA12 et une phase de PTMO. Chacune de ces deux phases est plus ou moins cristalline, selon les propriétés des deux blocs constituant le polymère.

L'interface cristallite/phase amorphe peut contenir certains espaces libres qui jouent le rôle de sites d'adsorption de Langmuir. A notre connaissance, il n'existe pas de tels sites dans les polymères à l'état caoutchoutique présentant une certaine proportion de cristallites.

En effet, les sites de Langmuir spécifiques de la sorption des gaz ou des vapeurs sont généralement des volumes non relaxés qui existent dans les structures vitreuses [3] dus à l'existence d'espaces libres entre les chaînes polymères immobiles. A l'état caoutchoutique, la fluctuation rapide des positions des chaînes contribue à une distribution uniforme des volumes libres dans le matériau.

Le film de Pebax pur montre dans le cas de la sorption de l'éthane et de l'éthylène un comportement de type Henry (Figure III.6 et III.7), comme prévu pour un polymère caoutchoutique.

On constate aussi que la constante de dissolution de Henry de l'éthylène est plus élevée dans les films contenant $AgBF_4$ que dans les films de Pebax pur.

Comme le prouve les valeurs calculées des paramètres de Langmuir (Tableau III.2), les films de Pebax pur ne comportent pas de sites de Langmuir spécifiques de l'éthylène ($C'_H=0$). La valeur de k_D de l'éthylène qui est de 0,0137 $cm^3STP.g^{-1}.cmHg^{-1}$ est proche de celle de l'éthane (0.016 $cm^3STP.g^{-1}.cmHg^{-1}$). Ces valeurs obtenues dans le cas des membranes contenant $AgBF_4$ sont similaires à celles de l'éthane dans les polymères semi-cristallins à l'état caoutchoutique [98] comme le polybutadiène hydrogéné et le PEBD (de l'ordre de 0,01 $cm^3(STP).g^{-1}.cmHg^{-1}$). Ceci correspond à la dissolution des hydrocarbures à bas point d'ébullition dans des polymères ne comportant pas de groupes polaires, gouvernée par des effets entropiques et enthalpiques de type London.

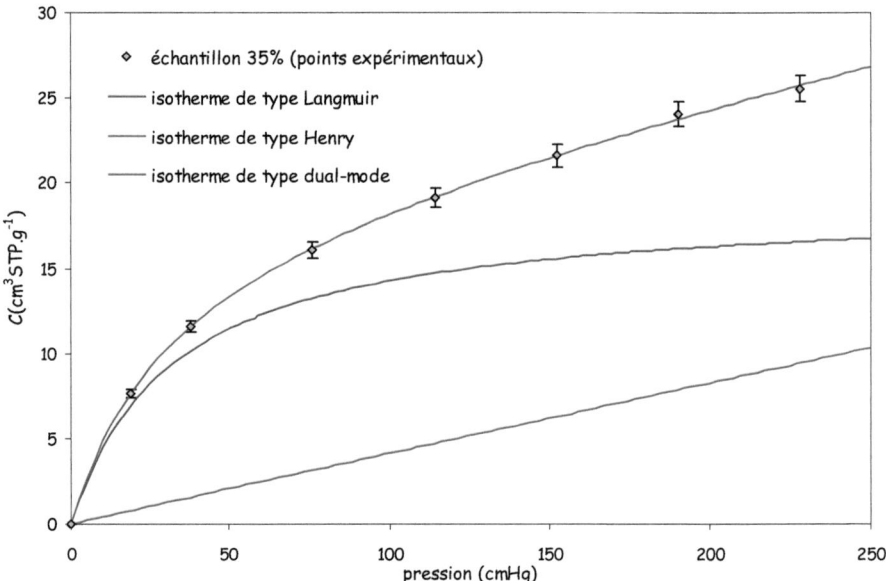

Figure III.8 contributions calculées des modes de sorption de Henry et Langmuir calculés dans l'isotherme de sorption totale de l'éthylène par la membrane à 35 % en masse d'AgBF$_4$ à 25°C

En général, la constante de Henry augmente significativement en fonction du point d'ébullition du pénétrant [99], à cause de l'augmentation de la polarisabilité du gaz qui augmente à son tour la contribution enthalpique de l'énergie libre du système polymère-pénétrant.

% massique en sel	$10^2\, k_D$ $(cm^3STP.g^{-1}.cmHg^{-1})$	$10^3\, b$ $(cmHg^{-1})$	C'_H $(cm^3STP.g^{-1})$
0	1.73	0	0
7	1.47	4.26	1.71
22	1.47	4.26	1.86
35	4.13	3.05	18.93

Tableau III.2 Paramètres de sorption d'éthylène dans les membranes de Pebax 2533 contenant AgBF$_4$ à différents % en masse à 25°C: constante de dissolution de Henry k$_D$, capacité de Langmuir C'$_H$, constante d'affinité de Langmuir b.

La constante de dissolution de Henry de l'éthylène ne varie pratiquement pas. Elle est d'environ 0,014 cm^3(STP).g^{-1}.cmHg^{-1} (Tableau III.2) pour le Pebax pur et pour les Pebax contenant 7 et 22% en masse d'AgBF$_4$. de même pour les valeurs des paramètres de sorption de Langmuir: b est de l'ordre de 0.00426 cmHg^{-1} et C'$_H$ de l'ordre de 1.8 cm^3(STP).g^{-1}.

Ces valeurs sont nettement plus faibles que celles obtenues dans le cas de sorption du CO$_2$ et de l'acétone dans des polymères vitreux comme le poly(ethylène téréphthalate) (PET), après correction de la cristallinité (ex: b= 0,0657 cmHg^{-1} et C'$_H$= 6 cm^3(STP).g^{-1}) [99].

Si on considère la corrélation entre la solubilité à dilution infinie (k$_D$ + bC'$_H$) et la température critique du gaz, dont McDowell & coll[99] montrent la validité pour le PET vis à vis de différents gaz, la valeur de la solubilité à dilution infinie de l'éthylène dans nos membranes hybrides Pebax/AgBF$_4$ à 7 et 22% en masse d'AgBF$_4$ est de 0,022 cm^3(STP).g^{-1}.cmHg^{-1}, ce qui semble être tout à fait compatible avec la corrélation faite dans le cas du PET.

La membrane de Pebax à 35% en masse d'AgBF$_4$ a un tout autre comportement: elle donne des valeurs de constantes de dissolution de Henry et des valeurs de capacité de Langmuir nettement plus élevées (Tableau III.2).

De telles variations dans les paramètres de sorption reflètent un changement de la structure du matériau composite avec l'apparition de nombreux cristaux d'AgBF$_4$.

Vu que la totalité des molécules d'AgBF$_4$ ne peuvent être complexées par les atomes d'oxygène des segments polymères, la solubilité d'AgBF$_4$ dans le Pebax 2533 est limitée, d'où la formation de nombreux cristaux de sel dans la matrice polymère (Figure III.3).

L'interprétation de l'augmentation de la solubilité de l'éthylène dans la membrane à 35 % d'AgBF$_4$, basée sur une extra-sorption par les cristaux de sel, sera confirmée dans la suite.

La constante de dissolution de Henry dans le cas de l'éthylène est plus élevée pour les membranes Pebax/AgBF$_4$ comparés aux membranes de Pebax pur. D'une manière plus significative, cette constante est de 0,0137 cm^{3}STP.g^{-1}.cmHg^{-1} dans le film de Pebax pur ne comportant pas de sites de Langmuir.

Toutefois, la question qui se pose est pourquoi existe-t il des sites spécifiques pour l'éthylène et non pas pour l'éthane.

Ces sites spécifiques de Langmuir sont similaires à ceux rencontrés dans la cellulose lors de la sorption de colorants dont les paramètres changent avec la nature du colorant et le type de la cellulose utilisée [29]. Ces sites sont impliqués dans des interactions spécifiques de différents types avec les molécules absorbées.

Dans le cas présent, les interactions se manifestent par la complexation de l'éthylène par AgBF$_4$ [95]. Vu que la complexation dans les cristaux solides est défavorisée par la grande quantité d'énergie nécessaire pour changer la structure cristalline, l'éthylène absorbé est complexé plutôt par l'AgBF$_4$ dissous dans la phase polymère. Puisque aucun hystérésis n'a été observé dans les cycles de sorption/désorption de l'éthylène dans les membranes, la complexation de l'éthylène se produit de manière réversible.

Kang et al montrent que les doubles liaisons C=C des alcènes sont coordinées avec les cations Ag$^+$ qui sont solubilisés dans des polymères comportant des groupements carbonyle [100] comme le poly (vinylpyrrolidone). Les zones où les molécules d'AgBF$_4$ sont dissoutes dans le polymère caoutchoutique sont les sites de Langmuir spécifiques de la sorption d'éthylène par coordination.

Avec la présence permanente des sites complexés dans le matériau, la sorption de type Langmuir ne requière pas la présence d'espaces libres figés dans une organisation particulière des chaînes (ex: cas des matériaux vitreux) pour avoir lieu, rendant possible la sorption de type Langmuir dans les membranes caoutchoutiques étudiées ici.

Vu que la sorption d'éthylène dans les films contenant AgBF$_4$ suit un mécanisme de type dual-mode, le coefficient de solubilité global (défini comme le rapport du volume de gaz absorbé et la pression partielle de celui-ci) décroit en fonction de la pression partielle du gaz (Figure III.9). La décroissance du coefficient de solubilité global entraîne une décroissance de la sélectivité idéale du film composite en fonction de la pression du gaz (Figure III.10). On peut prévoir que la sélectivité de perméation suit la même variation, si le coefficient de diffusion de l'éthane et de l'éthylène ne varie pas en fonction de la pression du gaz.

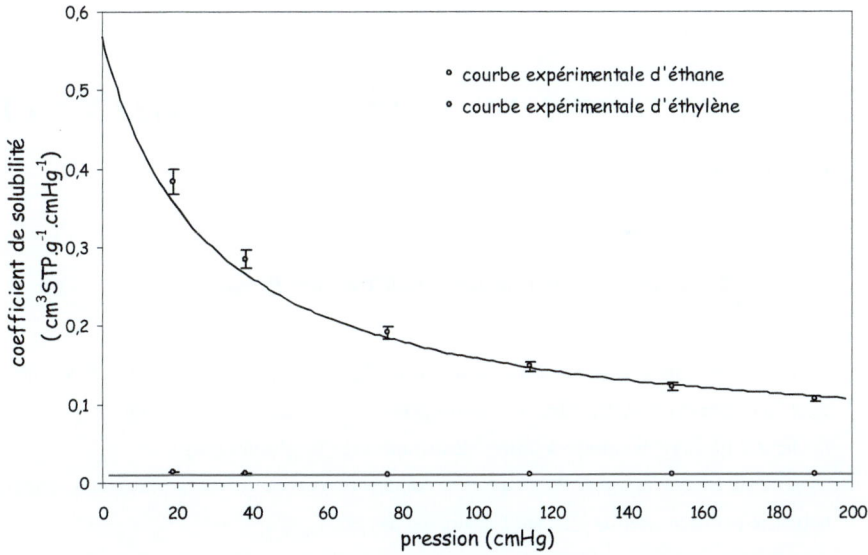

Figure III.9 Coefficients de solubilité globaux d'éthane et d'éthylène dans une membrane de Pebax à 35% en masse d'AgBF$_4$ à 25°C.

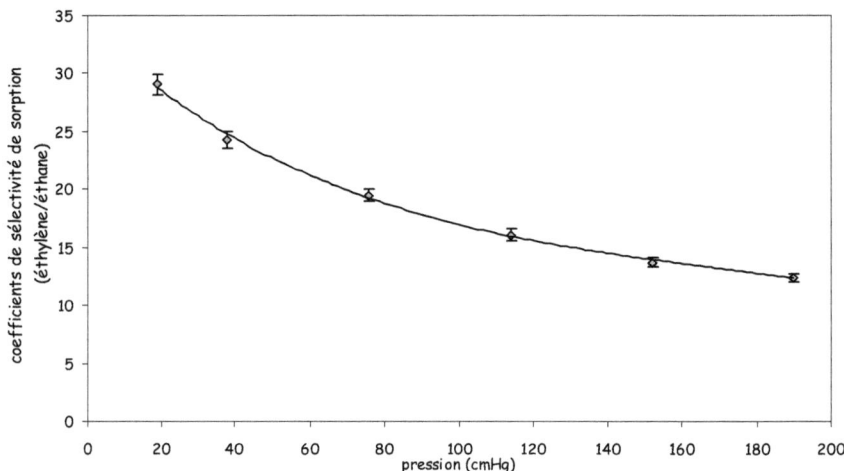

Figure III.10 Sélectivité idéale de sorption de l'éthylène par rapport à l'éthane en fonction de la pression dans le film de Pebax à 35% en masse d'AgBF$_4$ à 25°C.

III.5 CINETIQUES DE SORPTION D'ETHYLENE ET D'ETHANE

III.5.1 Dans les membranes hybrides sel- Pebax

Les cristaux de sel AgBF$_4$ présentent une affinité pour l'éthylène [95,101] plus élevée que celle du nitrate d'argent. En effet, les sels d'argent contenant un anion (BF$_4^-$) qui est faiblement lié à Ag$^+$ montrent de fortes interactions avec les alcènes [95].
Dans ce qui suit, on essayera de comprendre comment les cristaux incorporés dans la matrice polymère peuvent avoir un effet sur l'absorption des gaz.

Vu que la sorption de l'éthylène dans et sur les cristaux de sel peuvent avoir lieu à une vitesse différente de celle de la sorption dans les matériaux à base de polymères caoutchoutiques, on s'attend à observer différents comportements des cinétiques de sorption.

Les courbes de cinétiques de sorption de l'éthylène dans le film de Pebax à 20% en masse d'AgBF$_4$ obtenues en appliquant des incréments successifs de pression (Figure III.11) présentent, au delà du 1er palier, deux régimes: le premier correspond à une prise de masse rapide en fonction du temps et le second correspondant à une prise de masse lente.

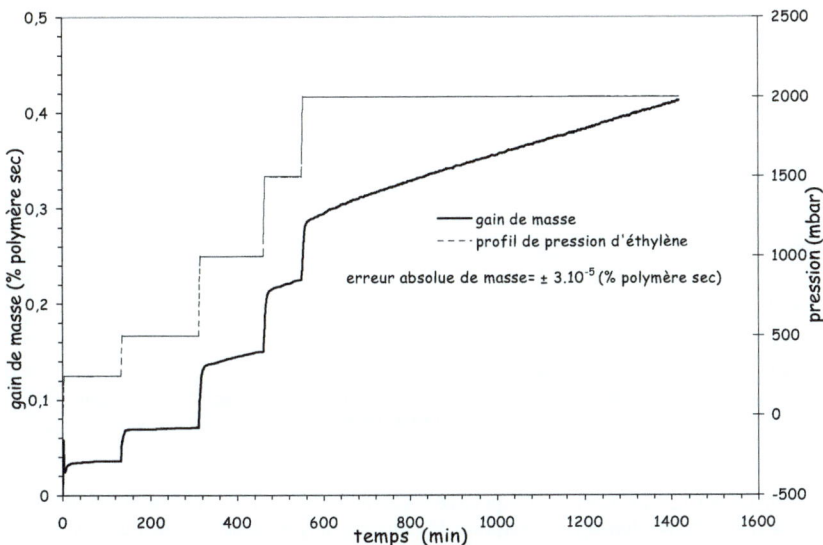

Figure III.11 gain de masse (% polymère sec) et incréments de pression d'éthylène en fonction du temps dans le cas de sorption d'éthylène dans une membrane de Pebax à 20% en masse d'AgBF$_4$. Points expérimentaux; 25°C; M_s = 118,925mg (polymère sec).

Dans le cas du premier régime, on a le même type de variation du gain de masse en fonction du temps pour les incréments successifs de pression.

Les deux types de régimes ont été également observés dans la sorption des vapeurs organiques dans polymères vitreux, exemple: acétone dans le PET et dans le nitrate de cellulose [99,102], éthylbenzène et benzène dans le polystyrène [95], chlorure de vinyle dans le poly(vinylchlorure) [103], acétate de méthyle dans le poly(méthyl méthacrylate) et dans l'acétate de cellulose [102].

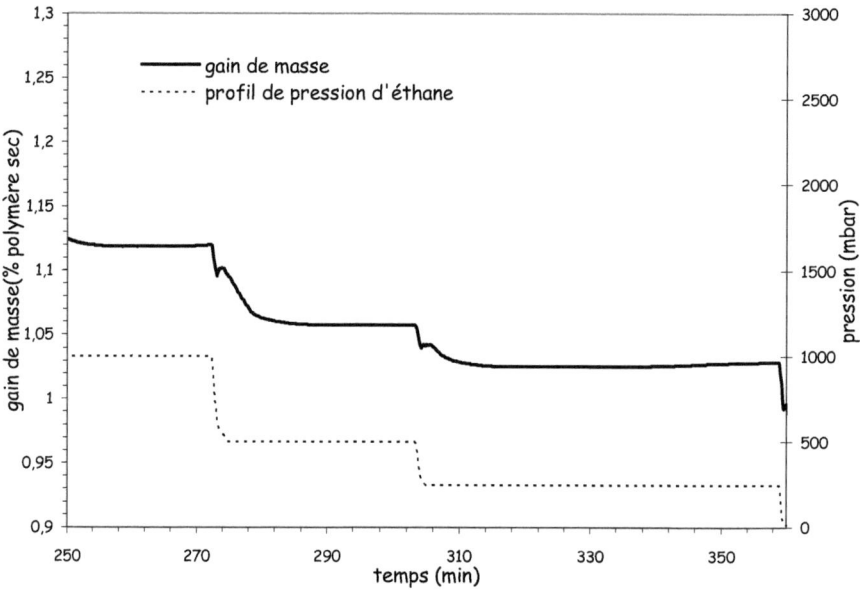

Figure III.12 gain de masse (% polymère sec) et incréments de pression de l'éthane en fonction du temps lors de la désorption de celui-ci dans une membrane de Pebax à 20% en masse d'AgBF$_4$. 25°C; M$_0$= 89,333mg (polymère sec).

Contrairement à l'éthylène, l'éthane absorbé ou désorbé dans le même échantillon suit une cinétique à un seul régime (rapide) comme observé lors de la première étape de sorption de l'éthylène.

La figure III.12 montre un exemple de cinétique de désorption d'éthane à un seul régime en suivant des intervalles de pression successifs (décroissant).

Le premier régime dans la cinétique de gain de masse reflète un régime transitoire qui résulte d'une sorption rapide du gaz à l'interface gaz-matériau et d'une étape limitante correspondant à une diffusion fickienne du gaz depuis l'interface jusqu'au coeur du matériau.

Dans ce cas, la cinétique de gain de masse sera mieux lissée en employant une cinétique théorique obtenue en résolvant la seconde loi de Fick (voir chapitre I. Eq I.13).

$$\frac{\partial}{\partial x}\frac{D\partial C}{\partial x}=\frac{\partial C}{\partial t}$$

(Eq I.13)

où D est le coefficient de diffusion de Fick et C est la concentration du perméant au temps t, à une distance x de l'interface gaz/matériau.

L'intégration de cette équation, dans le cas où D est constant et pour une prise de masse m_t résultant d'une variation instantannée de la pression de gaz environnant un film polymère d'épaisseur L, conduit à la relation suivante:

$$Q_t=\frac{\Delta m_t}{\Delta m_\infty}=1-\frac{8}{\pi^2}\sum_{n=0}^{\infty}\frac{1}{(2n+1)^2}\exp\left(-\frac{D(2n+1)^2\pi^2 t}{L^2}\right)$$

(Eq III.1)

Q_t = Taux d'avancement de la sorption

$\Delta m_t = m_t - m_0$ et $\Delta m_\infty = m_\infty - m_0$

où m_∞ est la prise de masse à l'équilibre ($t \to \infty$) (cf. définitions II.4.1.4)

L'équation III.1 admet une forme linéarisée pour les temps courts, qui servira à la détermination du coefficient de diffusion:

$$Q_t=\frac{\Delta m_t}{\Delta m_\infty}=\frac{4}{l}\left(\frac{Dt}{\pi}\right)^{\frac{1}{2}}$$

(Eq III.2)

Utilisant la relation III.2 [104], le coefficient de diffusion de Fick est généralement obtenu à partir de la pente de la droite exprimant le taux d'avancement en fonction de la racine carrée du temps ($t^{1/2}$) pour un temps t inférieur à $t_{1/2}$ temps nécessaire pour atteindre la moitié de l'équilibre ($Q_t = 1/2$). En utilisant la relation III.2 (valable pour la sorption des deux côtés du film)

$$D=\frac{\pi(pente)^2(\acute{e}paisseur\ du\ film)^2}{16}$$

(Eq III.3)

Malheureusement, cette méthode n'est pas applicable dans notre cas à cause des conditions expérimentales de sorption (dues aux caractéristiques de l'appareil). L'incrément de pression Δp n'est pas instantanné, de plus la variation de pression en fonction du temps n'est pas linéaire pour passer d'un niveau de pression à un autre.

Dans de telles conditions, en l'absence de solution analytique, nous avons appliqué une méthode de calcul numérique [105] permettant, par ajustement de la valeur de D, de faire coïncider les cinétiques calculées et expérimentales et prenant en compte la variation non-instantannée de pression.

Dans notre cas, où deux régimes de cinétiques de sorption existent, les calculs sont appliqués dans le cadre du premier régime qui finit par un quasi-équilibre de sorption, où le gain de masse atteint un pseudo-plateau et reste pratiquement constant jusqu'au début du second régime (Figure III.13).

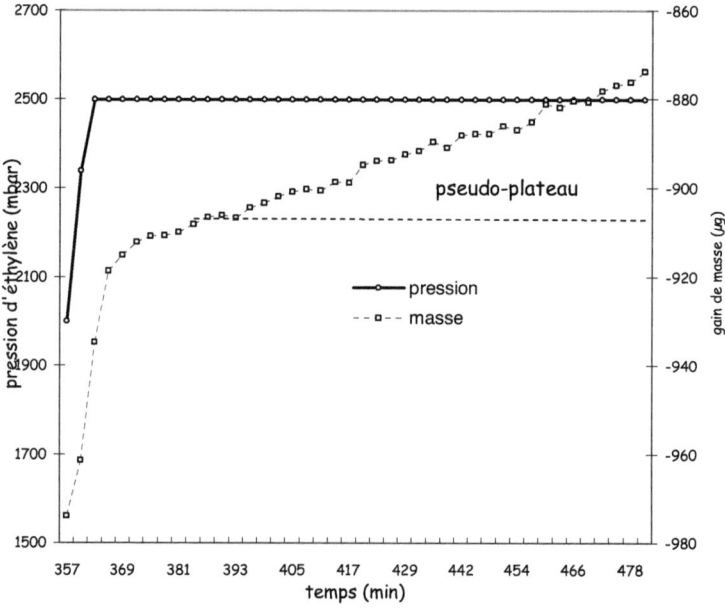

Figure III.13 Gain de masse en fonction du temps de l'éthylène absorbé dans le fim de Pebax à

20% en masse d'AgBF$_4$ à 25°C et sous un incrément de pression de 2000 à 2500 mbars.

Incrément de pression (-o-) et prise de masse (- -) en fonction du temps.

Le bon accord entre la simulation numérique et les valeurs expérimentales (Figure III.14) indique que le premier régime de sorption d'éthylène suit bien un processus de diffusion de Fick avec un coefficient de diffusion constant.

On remarque que le taux d'avancement de la sorption d'éthylène ne montre pas une croissance linéaire en fonction de la racine carrée du temps t$^{1/2}$, confirmant ainsi la non validité de l'équation III.2 pour la détermination du coefficient de diffusion dans notre cas.

Des résultats similaires ont été obtenus dans le cas de la sorption de l'éthane à un seul régime. Les valeurs des coefficients de diffusion obtenues dans le cas de la sorption de l'éthylène et de l'éthane étaient les mêmes soit 5.10^{-12} ($\pm$10%) m^2/s. Cette valeur correspond aux coefficients de diffusion obtenus dans le cas de diffusion des gaz dans les élastomères, par contre elle est plus élevée que les valeurs observées dans le cas des polymères vitreux.

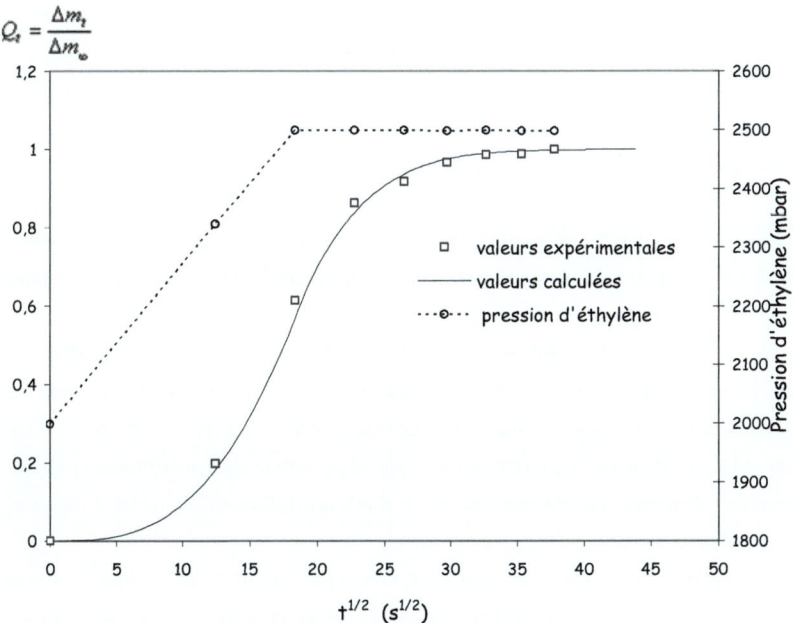

Figure III.14 Taux d'avancement $Q_t = \dfrac{\Delta m_t}{\Delta m_\infty}$ en fonction de la racine carrée du temps dans le cas du premier régime de sorption d'éthylène dans un film de Pebax à 20% en masse d'AgBF$_4$ à 25°C sous un incrément de pression de 2000-2500 mbars. Incrément de pression (-o-), valeur expérimentale de Q_t (- -) et Q_t calculé en fonction du temps (-).

La seconde phase de la cinétique de sorption, déjà mise en évidence lors d'études antérieures [99,102,103], montre une approche progressive et asymptotique de l'équilibre. L'apparition de ce second régime est généralement attribuée à la sorption du gaz dans le polymère, due à la relaxation des chaînes après saturation en gaz du matériau initial. Ce comportement est interprété comme une conséquence de la réponse viscoélastique des polymères vitreux aux contraintes osmotiques induites par le pénétrant avec des changements dans la structure du matériau en fonction du temps.

En effet, lors de la seconde phase de sorption, les molécules de gaz sorbées provoquent un gonflement élastique du polymère non relaxé jusqu'à atteindre un quasi-équilibre. Ce dernier est déterminé par la limite que peut atteindre le gonflement par le biais des mouvements locaux des segments de chaînes sous la contrainte osmotique induite par la sorption.

Ce régime est considéré comme le résultat d'un réarrangement à longue distance des chaînes qui provoque un gonflement à retardement beaucoup plus lent que la diffusion.

Les cinétiques de relaxation sont souvent supposées du premier ordre, c'est à dire que le gain de masse atteint asymptotiquement un plateau (l'équilibre) suivant une loi exponentielle.

Le second régime observé dans le cas du Pebax à 20% en masse d'AgBF$_4$ est différent de celui rencontré dans les références citées précédemment: il n'existe pas d'asymptote prolongée qui approche un état d'équilibre, mais plutôt une croissance linéaire du gain de masse (Figures III.11 et III.13). Bien que le gain de masse ne puisse pas être illimité, on n'observe pas, sur une période de temps équivalente à plusieurs fois la phase transitoire fickienne, de déviation à la linéarité de la sorption

La vitesse du second régime de sorption est de l'ordre de $(3,8 \pm 0,2).10^{-4}$ % /min en suivant plusieurs intervalles de pression. On peut penser que le second régime de gain de masse est dû à l'adsorption d'éthylène à la surface des cristaux d'AgBF$_4$.

Cette hypothèse est confortée par deux effets:

- Les cristaux "libres" d'AgBF$_4$ ont une forte tendance à complexer l'éthylène.
- Il n'y a pas de second régime observé lors de la sorption des gaz dans les films de Pebax purs.

C'est à dire qu'il n'y a pas de gonflement supplémentaire dû à la relaxation du système éthylène-Pebax pouvant être induite par la présence des molécules d'éthylène sorbées.

Afin de confirmer cette hypothèse, on étudiera la cinétique de sorption de l'éthylène dans les cristaux d'AgBF$_4$.

III.5.2 Dans le sel AgBF$_4$

La figure III.15 montre la cinétique de sorption de l'éthylène dans les cristaux d'AgBF$_4$. On distingue que la seconde partie de la sorption est beaucoup plus lente que la première et s'étend sur une très longue période (équilibre non atteint après 4 jours).

Le régime rapide de cinétique qui a lieu immédiatement après le contact des cristaux de sel avec l'éthylène est semblable à une sorption limitée par la diffusion du gaz (Figure III.15), mais le calcul du coefficient de diffusion dans le matériau n'est pas possible à cause du manque des données concernant la surface spécifique des cristaux de sel et l'épaisseur de ceux ci.

La partie lente de la sorption semble ici obéir à une cinétique d'ordre zéro suivant laquelle il y a croissance linéaire du gain de masse en fonction du temps.

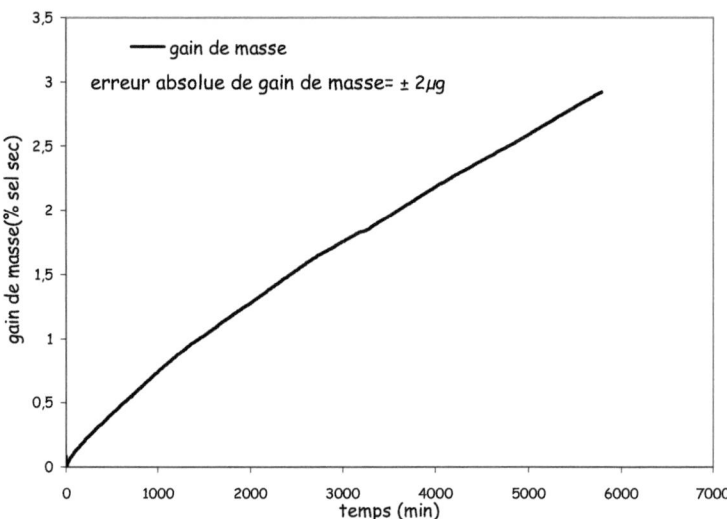

Figure III.15 Gain de masse en fonction du temps de l'éthylène lors de sa sorption dans un cristal d'AgBF$_4$ suite à une montée de pression de 0 à 1500 mbars. T= 25°C, M$_0$= 42,700 mg

La cinétique d'ordre zéro correspond probablement à l'adsorption du gaz à la surface des cristallites d'AgBF$_4$, comme montré dans le cas de la sorption des gaz à la surface des métaux [106]. La vitesse d'adsorption est dans ce cas indépendante de la surface disponible aux molécules adsorbées contrairement à la vitesse de sorption de type Langmuir.

Le mécanisme de sorption de l'éthylène dans le mélange polymère/sel AgBF$_4$ n'est pas le même selon que le sel est sous forme dissoute ou sous forme de cristaux.

Le mécanisme de sorption de Langmuir consiste en une physisorption des molécules sous forme de monocouche à la surface de l'échantillon, avec une probabilité de fixation du gaz dépendante de la surface libre disponible.

L'absence de relaxation structurale due à la sorption du gaz dans le matériau peut etre expliquée si on prend en compte la nature caoutchoutique du matériau hybride sel-Pebax.

Le temps de relaxation nécessaire au changement de la structure caoutchoutique est beaucoup plus faible que le temps caractéristique de diffusion $\dfrac{L^2}{D}$ [104].

Les valeurs élevées de capacité de sorption obtenues dans le film à 35% en masse de sel, comparées à celles obtenues dans les films à 22% et 7% en masse d'AgBF$_4$ (Tableau III.2), peuvent être expliquées par la contribution des cristaux dans le premier régime de cinétique de sorption. En dépit de sa cinétique lente, l'adsorption de l'éthylène à la surface des cristaux ne peut pas contrôler la totalité de la cinétique de sorption, à cause de la dispersion des cristaux dans la matrice polymère continue.

III.6 SORPTION D'EAU VAPEUR DANS LES MEMBRANES HYBRIDES PEBAX-AGBF$_4$

Le comportement à l'eau des membranes de séparation est un paramètre important. L'isotherme de l'équilibre de sorption de la vapeur d'eau dans la membrane de Pebax-AgBF$_4$ à 10% en masse d'AgBF$_4$ réalisée par analyse gravimétrique (I.G.A) à 25°C, est représentée par la figure III.16, sa forme sigmoïdale est caractéristique d'une isotherme de type B.E.T II (cf. chapI. IV.2.5). Cette isotherme peut être divisée en deux parties compte tenu du changement de la concavité avec l'accroissement de l'activité de la vapeur.

III.6. 1 Analyse de la partie concave

La concavité de l'isotherme de sorption d'eau vapeur dans la membrane Pebax-AgBF$_4$ par rapport à l'axe des abscisses (Fig. III. 16) est attribuée à un processus de sorption de type dual-mode, constitué d'une composante de type Henry et d'une composante de type Langmuir.

Le premier mode (Henry) est l'illustration d'une absorption aléatoire (dissolution) de l'eau dans la matrice, observée dans tous les polymères neutres à l'état amorphe.

Le second mode (Langmuir) intervient quand des sites spécifiques d'adsorption existent dans le polymère. Dans le cas présent, ce facteur résulte de la combinaison de deux processus: l'adsorption à la surface des particules d'argent et l'adsorption dans les microcavités (volumes libres non relaxés) existant dans les structures vitreuses.

La mesure de sorption globale ne permet pas de distinguer ces deux derniers processus. Ils ont tous les deux des comportements de saturation quand l'activité en eau augmente, même si leur capacité de saturation sont différentes.

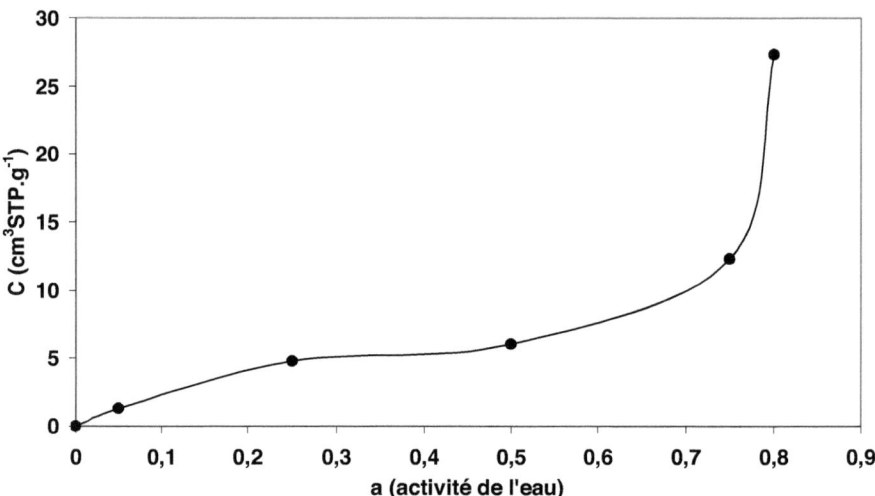

Figure III.16 isotherme de sorption d'eau vapeur dans une membrane de Pebax-AgBF$_4$ à 10% en masse d'AgBF$_4$ à 25°C

III.6. 2 Analyse de la partie convexe

La partie convexe de la courbe par rapport à l'axe des activités peut être due à l'affinité de la matrice pour l'eau. Quand la matrice est hydrophobe, comme par exemple celle du polyacrylonitrile [107], [108] ou du Kapton [109], la convexité de l'isotherme est interprétée, de façon plus convenable, par des modèles s'appuyant sur l'agrégation des molécules d'eau (dissolution non- aléatoire des molécules de pénétrant dans la matrice polymère).
En fait, l'hydrophobie de la matrice Pebax prévient le polymère de tout gonflement [110].
Ces spécificités structurales sont déterminantes (pour ce cas), malgré la présence de domaines ioniques (Ag$^+$, BF$_4^-$) et ainsi l'existence d'une certaine hydrophilie dans le matériau. Ainsi, l'agrégation des molécules d'eau est le mécanisme le plus probable, et celui qui doit être retenu pour expliquer la seconde partie de l'isotherme. De plus d'après Stannet et coll. [107], les sites de Langmuir seraient vraisemblablement les noyaux autour des quels les agrégats se forment.

III.6.3 Equation de Park

Les phénomènes d'agrégation [111] peuvent être décrits par un équilibre. Il s'en déduit une loi (équation de Park) à trois termes permettant de reproduire des isothermes sigmoïdaux comme celui du système Pebax-AgBF$_4$/eau en fonction de l'activité a de la vapeur.

$$C = \frac{K_c k_a^n a^n}{n} + k_a a + \frac{A b_L a}{1 + b_L a} \qquad \text{(Eq.III.4)}$$

où C est la concentration du pénétrant dans la matrice polymère, a est son activité dans la phase vapeur, K_C est la constante d'équilibre pour la réaction d'agrégation, k_a est le coefficient de solubilité de type Henry, n est le nombre moyen de molécules de pénétrant par agrégat, A est la constante de capacité de Langmuir et b_L est la constante d'affinité de Langmuir.
Les paramètres A_L, b_L, K_C, k_a et n sont évalués de la façon suivante.
 Une régression non- linéaire ne concernant que les deux derniers termes de l'équation III.4, est appliquée sur les premiers points de l'isotherme (avant l'inflexion) pour déterminer les valeurs de k_a, A et b_L, puis la concentration d'eau (C_{DM}) attribuée au dual- mode est estimée sur l'échelle complète de l'activité (0< a <1).

$$C_{DM} = k_a a + \frac{A b_L a}{1 + b_L a} \qquad \text{(Eq.III.5)}$$

La concentration d'eau qui est présumée due à l'agrégation (C_{ag}) est évaluée par soustraction de C_{DM} à partir de C.

$$C_{ag} = \frac{K_C k_a^n a^n}{n} \qquad \text{(Eq.III.6)}$$

les dernières valeurs, K_C et n, sont obtenues à partir de C_{ag} en employant une régression linéaire sur les derniers points (après l'inflexion):

$$\ln C_{ag} = f(\ln(k_a a)) = n \ln(k_a a) + \ln(\frac{k_c}{n}) \qquad \text{(Eq.III.7)}$$

ainsi n est obtenu d'après la pente de la droite et $\dfrac{K_C}{n}$ d'après l'ordonnée à l'origine.

% en masse d'AgBF$_4$	k$_a$ (cm^{3}STP.g^{-1})	A Capacité de Langmuir (cm^{3}STP.g^{-1})	b$_L$ affinité de Langmuir	Log K$_C$	n (molécules par agrégat)
1	16,95	8,1	26,06	-0,06	1,07
2	1,35	0,41	22,75	-2,7	3,3
10	7,5	1,62	63,86	-6,78	6,2

Tableau III.3 paramètres de l'équation de Park pour les membranes de Pebax-AgBF$_4$ à différents % en masse d'AgBF$_4$ à 25°C.

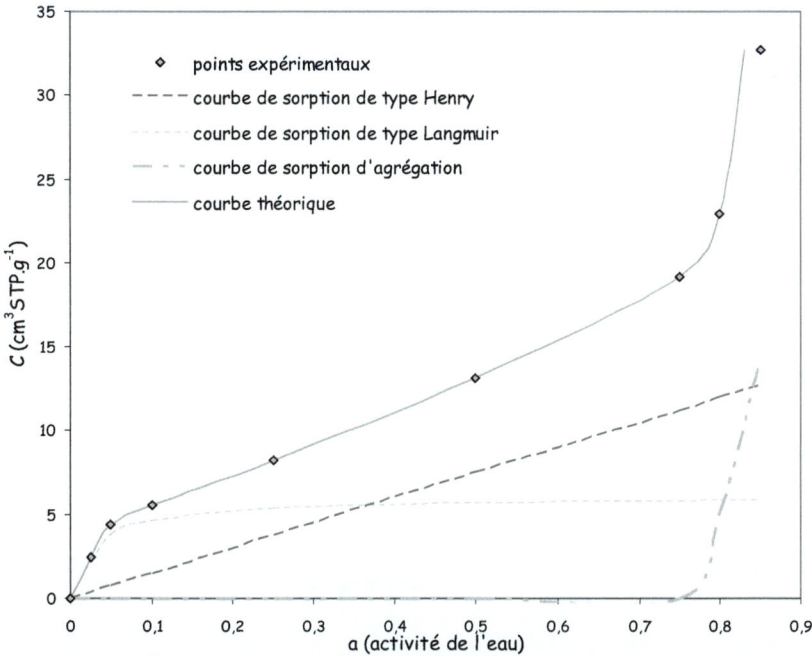

Figure III.17 Isotherme de sorption d'eau vapeur dans une membrane de Pebax 2533/AgBF$_4$ à 1% en masse d'AgBF$_4$ à 25°C.

III.6.4 Influence du taux d'AgBF$_4$ dans les membranes hybrides

Les isothermes de sorption de vapeur d'eau obtenues dans les membranes de Pebax-AgBF$_4$ à différents taux massiques en nanoparticules de sel AgBF$_4$ sont représentés sur la figure III.18. Les isothermes ont été analysées selon l'équation de Park. Les résultats sont regroupés dans le tableau III.3. On constate que ces isothermes ont des allures comparables, toutes les membranes ont des épaisseurs proches (échantillon 1%: 78 μm; échantillon 2%: 80 μm; échantillon 10%: 83 μm).

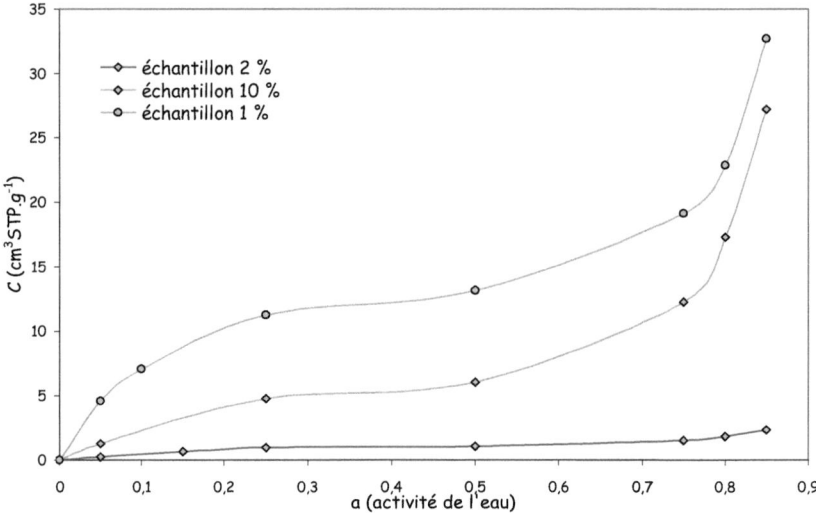

Figure III.18 isothermes de sorption d'eau vapeur dans les membranes de Pebax 2533-AgBF$_4$
à différents % en masse d'AgBF$_4$ à 25°C.

III.6.5 Paramètres de l'équation de Park

La figure III.18 visualise l'aptitude de l'équation de Park à décrire les isothermes sigmoïdales
de type BET II. Les courbes recalculées d'après les paramètres de cette équation (Tab III.3 et
Fig III.19) lissent en effet les points expérimentaux de façon satisfaisante. Un faible écart est
seulement observé pour les fortes activités. Les résultats obtenus avec cette équation
suggèrent toutefois quelques commentaires.

Les valeurs de K_c et n augmentent si le taux massique en AgBF$_4$ dans la membrane augmente.
Ces deux paramètres sont surtout influencés par le dernier point (a= 0,85) de l'isotherme.
Le paramètre b_L représentant l'affinité des molécules d'eau vis-à-vis des sites de Langmuir est,
quant à lui, relatif à la pente initiale de l'isotherme. Sa valeur est assez incertaine à cause du

manque de données au début de la courbe. Une large marge d'erreur doit lui être affectée et sa variation est donc assez peu significative.

On constate aussi sans l'expliquer que l'hydrophilie du matériaux ne suit pas l'ordre de la teneur en sel (2%<10%<1%). Contrairement à ce que l'on pourrait attendre.

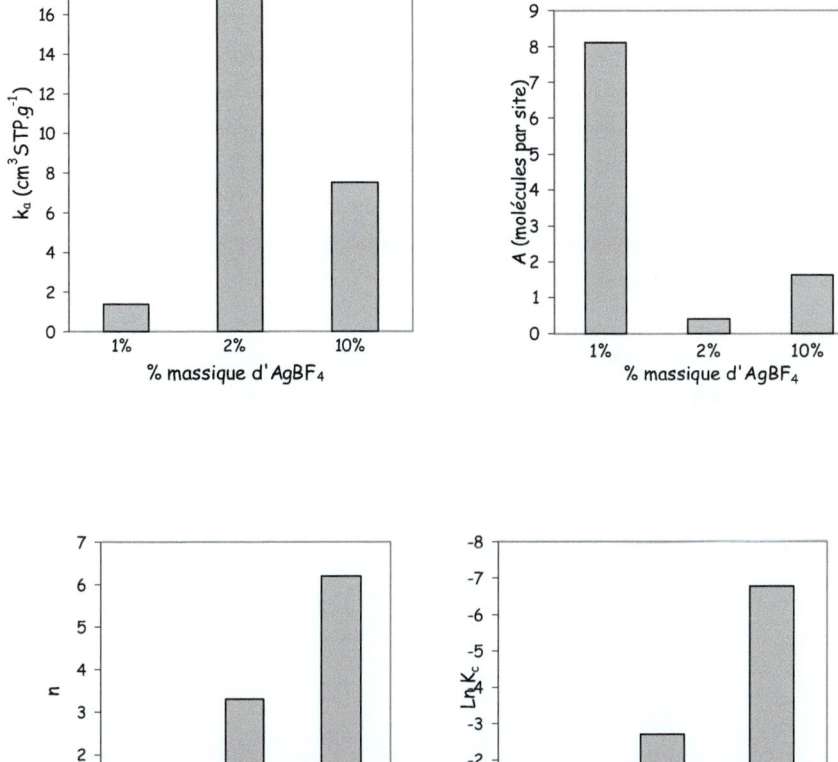

Figure III.19 résultats des régressions pour les paramètres k_a, A, Ln K_c et n pour les membranes de Pebax-AgBF$_4$ à différents % en masse d'AgBF$_4$

III.7 CONCLUSION

L'étude de la sorption des gaz éthane et éthylène dans nos matériaux composites Pebax/AgBF$_4$ montre que l'éthane y est absorbé selon un régime de Heny alors que l'éthylène suit un "double mode" de sorption Henry-Langmuir. La présence de sites spécifiques de sorption de l'éthylène s'explique par la présence des ions Ag$^+$ complexant des doubles liaisons au sein de la matrice. Le sel non-dissous, dans le cas des composites les plus concentrés en AgBF$_4$ (35% en masse) explique leur capacité inattendue de fixation de l'éthylène. Contrairement au cas de l'éthane, les cinétiques de sorption de l'éthylène dans les membranes composites Pebax/AgBF$_4$ montrent deux régimes: un premier régime Fickéen de sorption par la phase polymère, un second plus lent d'ordre zéro attribué à l'adsorption à la surface des cristaux d'AgBF$_4$ non dissous.

Globalement les membranes composites Pebax/AgBF$_4$ présentent une sélectivité de sorption favorable à la séparation éthane/éthylène qui décroît lorsque la pression appliquée augmente.

Cependant ces membranes voient leur aspect et leurs propriétés évoluer avec le temps du fait de la sensibilité des ions Ag$^+$ aux agents réducteurs. Leur transformation en membranes à nanoparticules d'argent fait l'objet du chapitre suivant.

CHAPITRE IV: LES MEMBRANES A NANOPARTICULES

IV.1. INTRODUCTION

Nous avons constaté lors de la caractérisation des membranes hybrides contenant le sel AgBF$_4$, que les membranes de PA12-PTMO/AgBF$_4$ noircissent progressivement dans le temps au même temps que leurs caractéristiques physicochimiques évoluent.

Pour expliquer ce phénomène, nous avons fait l'hypothèse d'une réduction du sel d'argent au contact de molécules (contenant des atomes donneurs d'électrons ou des liaisons doubles) susceptibles de réduire Ag$^+$ en Ag. Depuis l'invention de la photographie par les frères Lumière, on sait aussi que les sels d'argent subissent facilement une photo réduction (ici par le biais de rayons UV-visibles).

Après réduction, l'argent se retrouverait à l'état colloïdal dans le cas de conditions non propices à son agglomération en amas plus grand. C'est notamment le cas lorsque le sel d'argent qui est réduit se trouve emprisonné dans une matrice de polymère. La gélatine photo aquatique a été longtemps utilisée comme matrice de ce type.

Dans ce chapitre, nous nous intéressons au cas de l'AgBF$_4$ en présence de Pebax. Il s'agit d'étudier la réduction de Ag$^+$ en Ag en présence de Pebax, d'abord en solution puis dans le matériau solide. Enfin, nous examinerons l'impact de cette réduction sur l'état du matériau et ses propriétés de perméation. Cette étude est réalisée sur des composites beaucoup moins concentrés en AgBF$_4$ (0,5-1,5-2,5%) pour bien différencier ce chapitre ce chapitre du précédent (AgBF$_4$: 7-22-35%). Les conditions moins concentrées ont été choisies pour

1) rendre les caractérisations plus aisées
2) se rapprocher d'un cas pratique de membranes à nanoparticules (concentration généralement <5% pour des raisons économiques.

IV.2 MISE EN EVIDENCE DE LA FORMATION DES NANOPARTICULES

IV.2.1. En solution

Des solutions d'argent ont été préparées en ajoutant à une solution d'AgBF$_4$ dans l'éthanol, une solution de Pebax 2533 à 2% en masse dans le DMF. Trois concentrations ont été obtenues (0,5%, 1,5% et 2,5% en masse d'AgBF$_4$).

Ces solutions sont toutes de coloration jaunâtre.

L'effet de la lumière sur ces solutions est détaillé dans ce qui suit.

IV.2.1.1 Effet de la lumière

En les laissant à la lumière naturelle, l'intensité de la coloration jaunâtre des solution d'argent s'amplifie de plus en plus au cours du temps.

La coloration jaune foncé se maintient pendant 10 jours puis la solution devient légèrement rougeâtre. La figure IV.1 montre les spectres UV-visible de la solution fraîche de AgBF$_4$/Pebax 2533 à 0,5% en masse d'AgBF$_4$ déterminés à des intervalles de temps successifs.

La présence d'un pic caractéristique de l'argent à 420 nm [112] correspond à la coloration jaunâtre de la solution.

Le mécanisme de formation des nanoparticules d'argent est discuté dans ce qui suit.

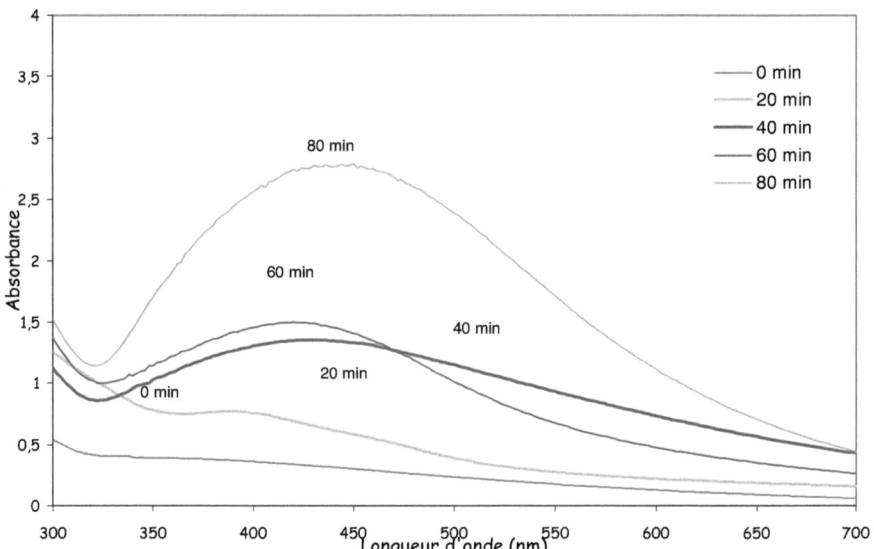

Figure IV.1 Spectres UV-visible de la solution AgBF₄/Pebax 2533 à 0,5% en masse
d'AgBF₄ enregistrés à des intervalles de temps successifs à partir de leur préparation.

IV.2.1.2 effet du taux de sel

L'effet du pourcentage massique de la solution en AgBF₄/Pebax 2533 sur la formation des
nanoparticules d'argent est étudiée par le biais de la spectroscopie UV-vis.

La figure IV.2 montre les spectres UV-vis des solutions fraîches de AgBF₄/Pebax 2533 à
différents pourcentages massiques en AgBF₄. La bande relative aux nanoparticules d'argent
observée aux alontours de 410 nm a tendance à s'intensifier et à se déplacer vers des
longueurs d'onde plus élevées suite à une augmentation du pourcentage massique en AgBF₄
dans la solution.(410 nm à 0,5% →420 nm à 1,5% →430 nm à 2,5%)

Le décalage de la bande à 410 nm vers les nombres d'onde supérieurs peut être attribué à une
variation de la taille et de la distribution des nanoparticules.

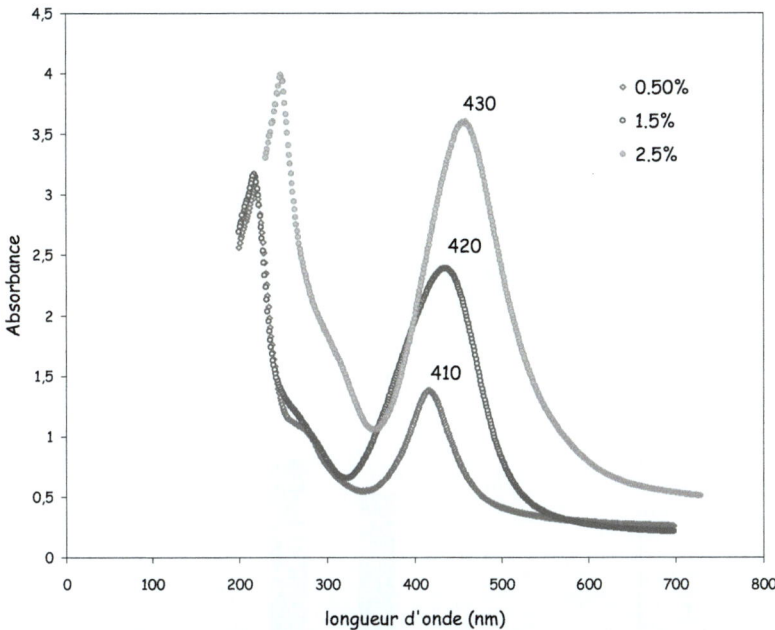

Figure IV.2 spectres UV-vis des nanoparticules d'argent préparées à partir solutions de AgBF$_4$-Pebax dans l'éthanol/DMF à différents % en masse d'AgBF$_4$.

Afin de confirmer la corrélation entre le décalage de la bande à 410 nm et la taille des particules, des microphotographie de MET (Microscopie Electronique à Transmission) ont été réalisées en utilisant des membranes de Pebax/ AgBF$_4$ préparées à partir des solutions précédentes.

Les figures IV.3a et IV.3b montrent ces microphotographies de MET et les histogrammes correspondant à la distribution de taille des nanoparticules d'argent dans les membranes Pebax/AgBF$_4$ à 0,5% et 1,5% en masse d'AgBF$_4$, immédiatement après la préparation ces membranes. On observe des nanoparticules de taille inférieure à 25 nm avec une distribution étroite centrée sur 20 nm dans les deux cas.

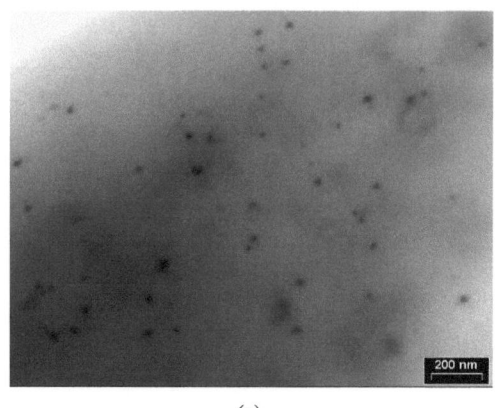

(a)

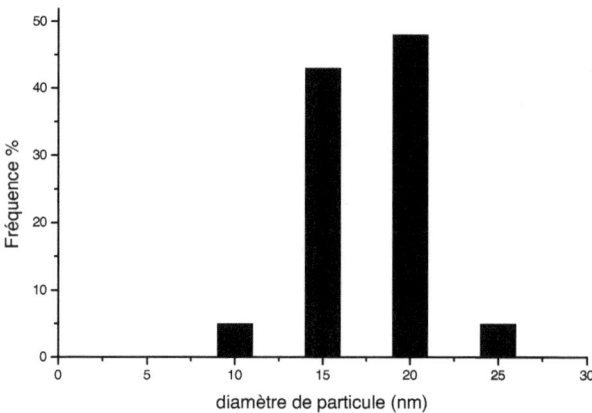

(a)

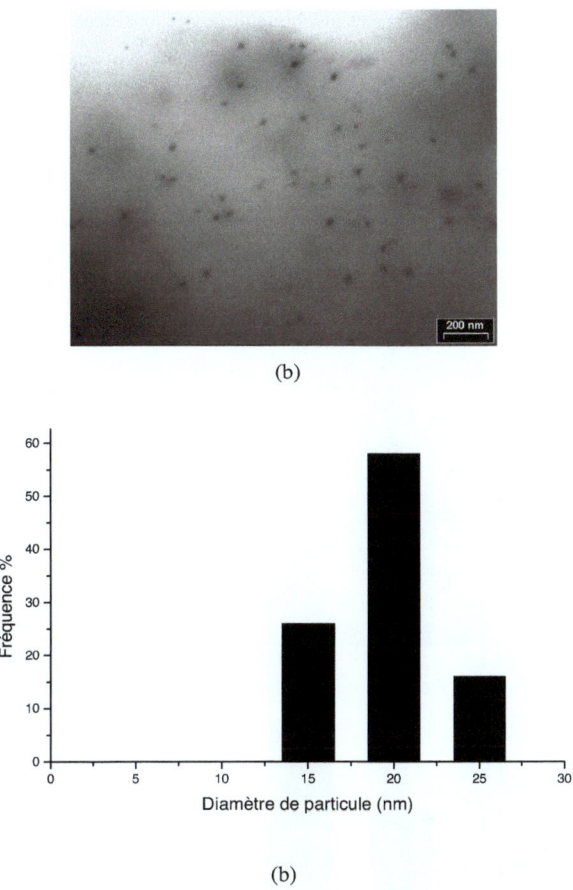

(b)

Figure IV.3 Cliché de TEM et histogrammes de taille correspondant des nanoparticules d'argent dans les membranes, immédiatement après préparation: (a) Pebax/AgBF$_4$ contenant 0,5% en masse d'AgBF$_4$ et (b) Pebax/AgBF$_4$ contenant 1,5% en masse d'AgBF$_4$.

La figure IV.4 montre les clichés de MET et les histogrammes correspondant des membranes à 0,5 et 1,5% en masse d'AgBF$_4$ réalisées un mois après leur préparation et stockées à 60°C sous vide à l'abri de la lumière.

Les clichés de MET de ces membranes montrent que les nanoparticules d'argent contenus dans l'échantillon de Pebax/AgBF$_4$ à 0,5% en masse d'AgBF$_4$ sont beaucoup plus petits que celles contenues dans l'échantillon à 1,5% en masse de sel.

Le diamètre moyen des nanoparticules contenues dans l'échantillon à 1,5% croît par rapport aux nanoparticules contenues dans l'échantillon préparé à partir de la solution "neuve" de 19,86 à 27,25 nm.

L'accroissement de taille des nanoparticules dans les membranes préparées est clairement relié au changement de coloration de la membrane qui passe du jaune clair au brun foncé.

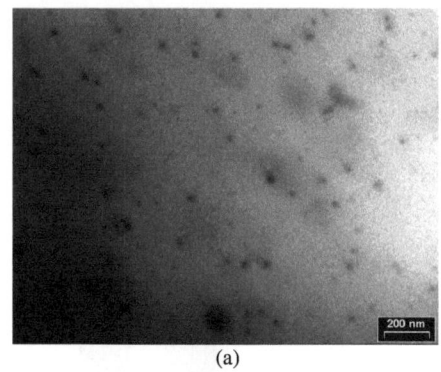

(a)

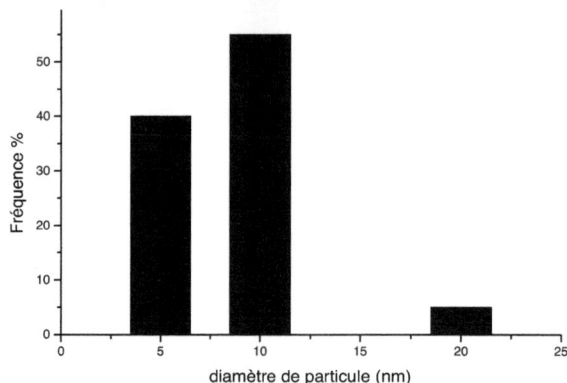

(a)

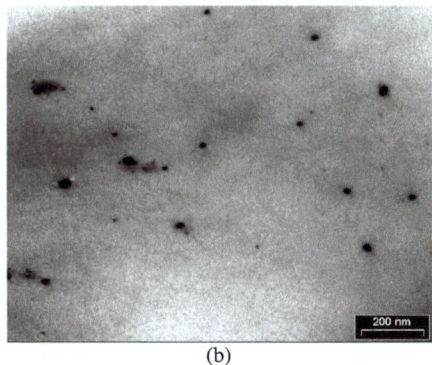

(b)

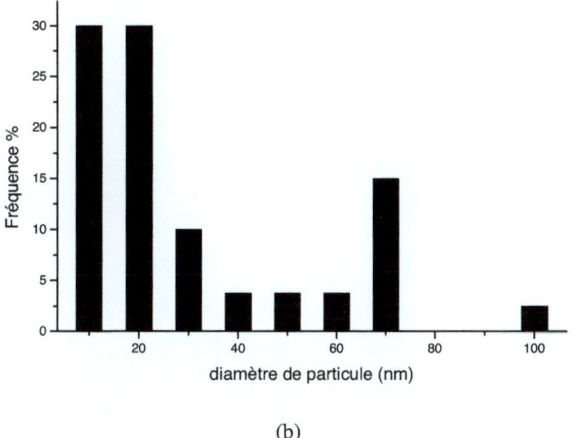

(b)

Fig. IV.4 micrographes de Transmission électronique et les histogrammes correspondant des nanoparticules contenues dans les membranes 1 mois après leur préparation: (a) Pebax/AgBF₄ à 0,5 % en masse d'AgBF₄ et (b) Pebax/AgBF₄ à 1,5 % en masse d'AgBF₄.

Dans le but de comprendre l'impact du changement de coloration de la solution sur les différentes interactions dans la membrane préparée, une étude infrarouge sur les différentes membranes préparées a été menée.

L'interaction entre les ions Ag$^+$ et les atomes d'oxygène des groupements carbonyle du Pebax a été étudiée en utilisant la spectroscopie IRTF. La figure IV.5 fait apparaître le spectre du Pebax® pur ayant un pic caractéristique à 1729 cm^{-1} qui est attribué à la vibration d'étirement du groupement –C=O. L'apparition d'un autre pic à 1646 cm^{-1} indique la présence des groupements H–N–C=O dans la structure membranaire. Suite à l'ajout du sel AgBF$_4$, le pic à 1646 cm^{-1} est déplacé vers 1635 cm^{-1}. Ce déplacement vers les faibles nombres d'onde est dû à un affaiblissement de la bande du groupe C=O provenant de l'échange d'électrons entre l'oxygène du C=O et les ions Ag$^+$. Le degré de déplacement du pic de C=O indique l'intensité d'interaction entre les groupes C=O et les ions Ag$^+$.

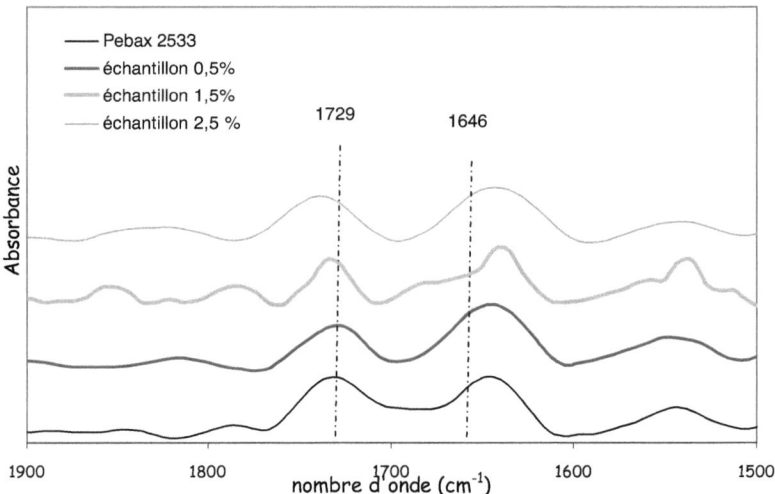

Figure. IV. 5 Spectres IRTF des membranes de Pebax 2533/AgBF$_4$ à différents % en masse d'AgBF$_4$

IV.3 MEMBRANES A NANOPARTICULES PA12-PTMO/AGBF$_4$: PERMEATION

IV.3.1 Courbes de Perméation intégrale

Des mesures de diffusion et de perméation de l'éthylène et de l'éthane ont été effectuées avec le dispositif manométrique de perméation "intégrale" (cf. chap II.). Ces résultats sont comparés à ceux obtenus lors des mesures de sorption des deux gaz (éthylène et éthane).

IV.3.2 Allure des courbes

Les séries de mesure ont été réalisées sur les membranes de Pebax 2533/AgBF$_4$ à 0,5%; 1,5 % et 2,5% en masse d'AgBF$_4$ (épaisseur = 80μm) pour une pression amont de 4,013 bars, soit 3 bars de pression relative en sortie de bouteille (225 cm Hg) et une température de 25°C. Les différentes courbes de remontée de pression sont représentées sur les figures IV.6 (a et b) et IV.7 (a et b).

Les mesures sont assez rapides car elles n'excèdent pas une heure. Cependant, il est nécessaire que le temps de purge entre chaque mesure soit beaucoup plus long. Dans le cas de la membrane de Pebax pur, les courbes de remontée de pression présentent une première partie dont la pente est nulle (Fig.IV. 6a et b). La fin de cette partie correspond au time-lag ou temps de retard à la diffusion (c'est à dire pratiquement le temps requis pour la traversée du film par les molécules de perméant).
Les courbes de remontée de pression de l'éthylène et de l'éthane dans les membranes de Pebax-AgBF$_4$ à 0,5% en masse de sel (Fig.IV.7a et b) présentent une première partie dont la pente est non nulle. Cela signifie que des molécules sont désorbées en aval du film, avant que le time-lag ne soit atteint. Si ce phénomène disparaît avec des temps de purge plus longs, les molécules désorbées sont probablement des molécules de perméant qui étaient restées dans les nanocharges. Cela met en évidence l'éventualité d'une hystérésis, due à un décalage entre les processus de sorption (mesures) et désorption (purges) du matériau manifesté par une cinétique différente dans chaque processus.

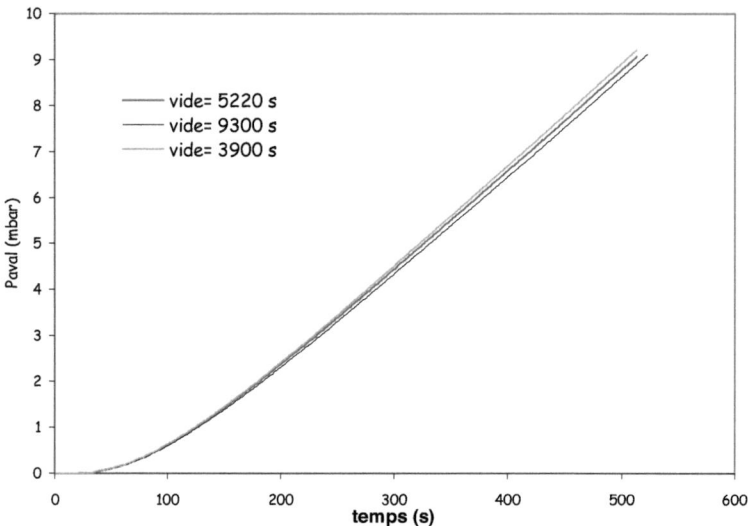

Figure IV.6a Mesure de Perméation Intégrale: courbe de remontée de pression de l'éthylène en aval de la membrane de PA12-PTMO (Pebax) pour une pression amont de 4 bars et une température de 25°C.

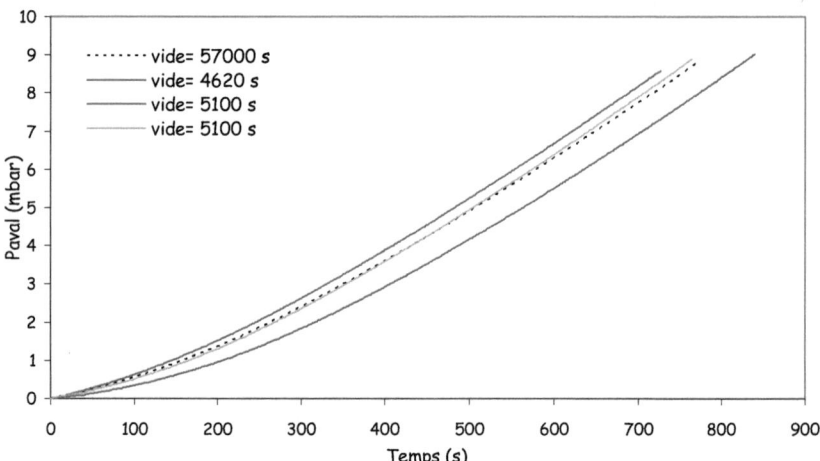

Figure IV.7a Mesure de Perméation Intégrale: courbes de remontée de pression de l'éthylène en aval de la membrane de PA12-PTMO (Pebax)/AgBF$_4$ à 0,5% en masse d'AgBF$_4$ pour une pression amont de 4 bars et une température de 25°C

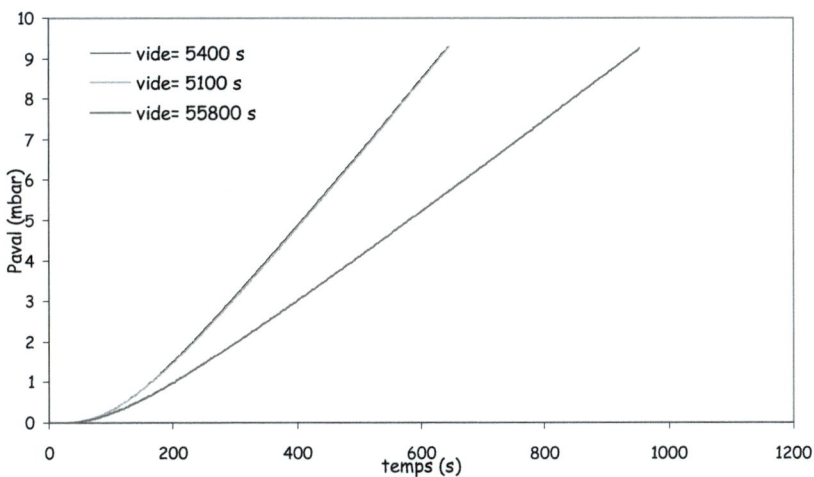

Figure IV.6b Mesure de Perméation Intégrale: courbes de remontée de pression de l'éthane en aval de la membrane de PA12-PTMO(Pebax) pour une pression amont de 4 bars et une température de 25°C.

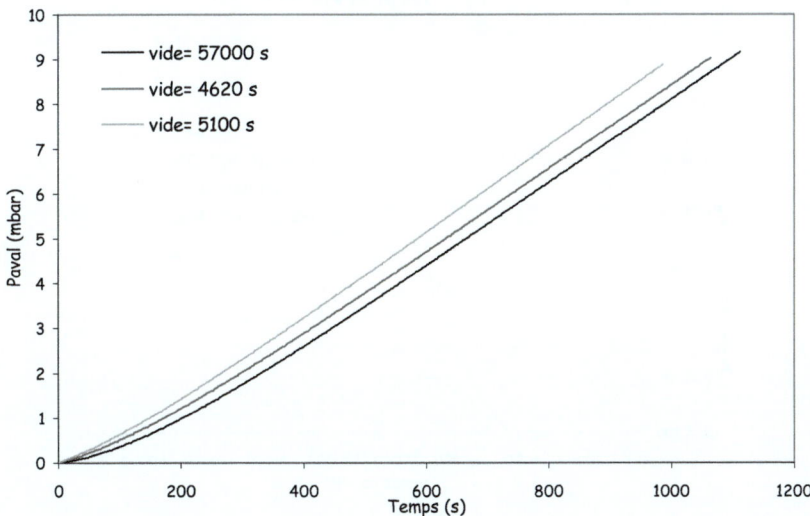

Figure IV.7b Mesure de Perméation Intégrale: courbes de remontée de pression de l'éthylène en aval de la membrane de PA12-PTMO (Pebax)/AgBF$_4$ à 0,5% en masse d'AgBF$_4$ pour une pression amont de 4 bars et une température de 25°C.

- 122 -

IV.3.3 Coefficients de perméabilité de l'éthylène et de l'éthane

En mesure de time- lag, la pente des courbes de remontée de pression, en régime stationnaire, est proportionnelle au coefficient de perméabilité (cf. chap II.4.4). Les coefficients calculés d'après l'équation II.5 sont représentés en fonction des temps de purge additionnés, sur la figure IV.8 (a et b) dans le cas de l'éthylène et de l'éthane.

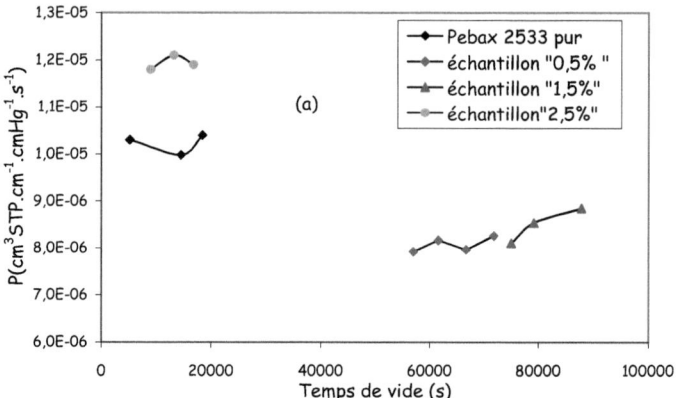

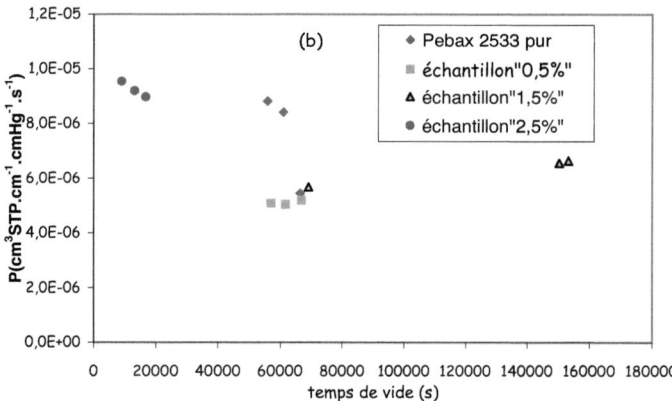

Figure.IV. 8: Influence des temps de vide additionnés dans les systèmes (a) Pebax-AgBF$_4$/éthylène et (b) Pebax-AgBF$_4$/éthane à différents % en masse d'AgBF$_4$ sur le coefficient de perméation.

Les coefficients de perméabilité restent pratiquement constants lorsque les temps de purge s'accumulent. Ceci prouve une certaine répétabilité des mesures qui est vérifiée avec les membranes Pebax-AgBF$_4$ à différents % en masse d'AgBF$_4$ notamment avec l'éthane qu'avec l'éthylène .

IV.3.4. Sélectivité éthylène/éthane

Le coefficient de sélectivité éthylène/éthane est le rapport entre le coefficient de perméabilité de l'éthylène et de l'éthane (cf. chap.I.6.2). On constate que le coefficient de sélectivité augmente (Fig.IV.9) en fonction du pourcentage massique d'AgBF$_4$ dans les membranes Pebax/AgBF$_4$.

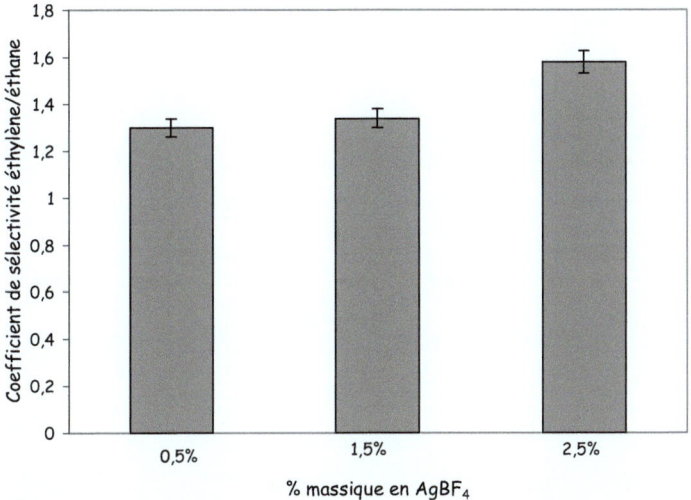

Figure IV.9 Coefficients de sélectivité éthylène/éthane dans les membranes Pebax-AgBF$_4$ à différents % en masse d'AgBF$_4$.

Ces résultats sont en accord avec notre objectif qui est d'avoir une perméabilité à l'éthylène plus élevée que celle de l'éthane. Ceci prouve le mécanisme de transport facilité de l'éthylène dans les membranes Pebax-AgBF$_4$.

IV.3.5 Coefficient de diffusion

Le "time-lag" qui est l'interception de l'axe des temps par la partie linéaire de la courbe est caractéristique du coefficient de diffusion (cf. chap II.4.4). Les valeurs de coefficients de diffusion qui sont exprimées à partir du "time-lag" (Eq.II.13) sont présentés dans la figure IV.10 (a et b).

On constate que les coefficients de diffusion obtenus restent pratiquement les mêmes lorsque les temps de purge s'accumulent ce qui justifie une répétabilité des mesures.

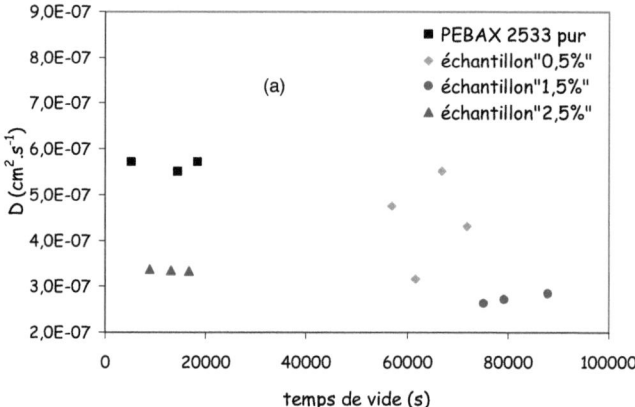

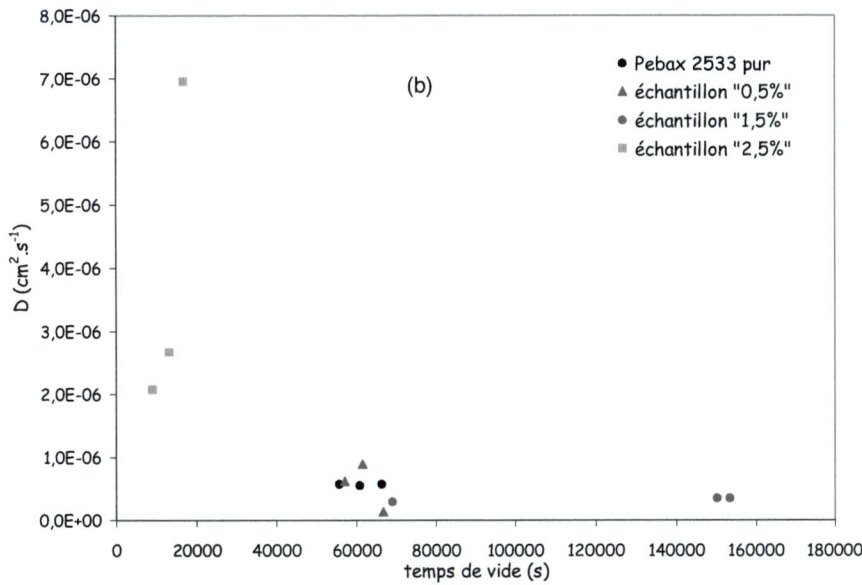

Figure.IV. 10: Influence des temps de vide additionnés dans les systèmes (a) Pebax-AgBF$_4$/éthylène et (b) Pebax-AgBF$_4$/éthane à différents % en masse d'AgBF$_4$ sur le coefficient de diffusion.

IV.3.6 Coefficients de sorption

Les coefficients de sorption de l'éthylène et de l'éthane dans les membranes de Pebax-AgBF$_4$ à différents % en masse d'AgBF$_4$ sont calculés à partir des coefficients de perméabilité et de solubilité correspondants (cf. chap I.6.1).

% en masse d'AgBF$_4$	$S_{\text{éthane}}$ (cm^{3}STP.cm^{-3}.cmHg^{-1})	$S_{\text{éthylène}}$ (cm^{3}STP.cm^{-3}.cmHg^{-1})	$S_{\text{éthylène}}/S_{\text{éthane}}$
0%	18,53	18,08	0,97
0,5%	9,28	18,29	1,97
1,5%	19,38	31,3	1,61
2,5%	2,36	3,57	1,51

Tableau IV.1 Coefficients de solubilité de l'éthane et de l'éthylène dans les membranes de Pebax/ AgBF$_4$ à différents % massiques en AgBF$_4$.

On constate que le coefficient de sélectivité de solubilité éthylène/éthane diminue si on dépasse 0,5% en masse d'AgBF$_4$. Ceci peut être expliqué par l'existence d'agrégats de nanoparticules d'argent d'où une solubilité plus faible des perméants dans la membrane.

IV.4 CONCLUSION

La formation in-situ de nanoparticules d'argent métallique dans des solutions de Pebax/AgBF$_4$ dans le mélange DMF-éthanol a été mise en évidence par le changement de couleur des solutions qui passent rapidement de l'incolore à une coloration jaunâtre soutenue. A ce changement de couleur est associé, en spectrométrie UV-visible des solutions, l'apparition d'un pic d'absorption vers 420 nm caractéristique du précipité d'argent métallique. Lorsque le rapport AgBF$_4$/ Pebax augmente, la bande de l'argent croit en intensité et se déplace vers les longueurs d'onde plus élevées, ce qui peut être attribué à un changement dans la taille des particules.

L'étude du phénomène a été poursuivie par l'analyse des membranes coulées à partir des solutions précédentes par spectroscopie IRTF et microscopie électronique à transmission. La coloration brun foncé des membranes manifeste l'apparition de nanoparticules d'argent métallique. En IRTF, le glissement du pic à 1646 cm^{-1}, attribué aux groupes carbonyles, vers les nombres d'onde plus faibles lorsque la concentration d'AgBF$_4$ augmente, est indicatif du développement d'interactions carbonyle-Ag$^+$. Les clichés TEM et les histogrammes associés, obtenus sur des membranes fraîchement réalisées, montrent par ailleurs que le nombre et la taille des particules présentes sont plus élevés dans la membrane coulée à partir de la solution à 1,5% que dans celle coulée à partir de la solution à 0,5%. La même analyse pratiquée sur les membranes après un mois de stockage conduisent à des observations similaires mais en plus il apparaît que, dans la membrane obtenue de la solution la plus concentrée en AgBF$_4$, si le nombre de particules n'a que peu changé, par contre leur diamètre moyen s'est nettement accru, de 19,9 à 27,3 nm.

Les membranes à nanoparticules d'argent ont aussi été caractérisées en perméation intégrale (time-lag). Les courbes de remontée de pression montrent la présence d'éthylène résiduel, même après purge sous vide, des membranes composites traversées par ce gaz ce qui n'est pas le cas lorsque le perméant est l'éthane. Par ailleurs les membranes, Pebax/AgBF$_4$ présentent une sélectivité éthylène/éthane supérieure à 1 même à des faibles taux de charge (0,5-1,5-2,5%).

Une conclusion importante est la possibilité d'élaborer des membranes minces avec formation in- situ de nanoparticules d'argent métallique. Cette méthode peut sans aucun doute être étendue à d'autres métaux, ce qui peut conduire à des applications importantes dans le domaine des membranes catalytiques.

.

CONCLUSION GENERALE

Le principal objectif de ce travail était de réaliser des membranes hybrides à transport facilité, constituées d'une matrice polymère de PA12-PTMO (Pebax) et de sel métallique AgBF$_4$, et d'étudier leurs comportements vis-à-vis du mélange éthane/éthylène, en les comparant aux membranes à base de PA12-PTMO sans charges métalliques.

Une recherche bibliographique nous a apporté les informations essentielles sur les principes de base, en transport et perméation, utilisés lors de notre étude. Nous avons vu les principaux avantages et inconvénients des membranes à transport facilité et leur mécanisme de fonctionnement. Celles-ci permettent à priori d'obtenir de bonnes performances en terme de sélectivité et de débit.

L'étude des isothermes de sorption de l'éthane et de l'éthylène dans les membranes chargées d'AgBF$_4$ montrent que l'éthane est sorbé suivant une loi de type Henry alors que la sorption de l'éthylène suit une loi de double sorption Henry- Langmuir. La présence significative des sites de Langmuir, uniquement dans le cas de l'éthylène, dans les membranes caoutchoutiques, peut être expliqué par la complexation de l'éthylène avec le sel dissous dans la membrane. La membrane ayant le pourcentage massique le plus élevé en AgBF$_4$ admet une large capacité de Langmuir assez inattendue. Les résultats obtenus en calorimétrie différentielle à balayage et en microscopie électronique indiquent que le sel d'argent a une solubilité limitée dans le Pebax. Ainsi la valeur exceptionnelle de capacité de Langmuir de la membrane ayant le taux massique le plus élevé en AgBF$_4$ est attribuée à la large contribution des cristallites d'AgBF$_4$ non dissous.

Les cinétiques de sorption de l'éthylène dans les membranes chargées en AgBF$_4$ montrent deux régimes: une cinétique rapide contrôlée par diffusion fickéenne dans le système Pebax-(AgBF$_4$ dissous) et une cinétique lente d'ordre zéro identifiée à une adsorption à la surface des cristaux d'AgBF$_4$. contrairement à l'éthylène, l'éthane montre un comportement classique de sorption dans un matériau élastomère où seule la diffusion contrôle la cinétique de sorption. La valeur des coefficients de diffusion est calculée par lissage des cinétiques en utilisant une solution numérique de la seconde loi de Fick. Les coefficients de diffusion calculés par cette méthode sont de 5. 10^{-12} m^2/s pour l'éthylène (premier régime) et pour l'éthane, typique de la sorption de vapeurs organiques à faible masse dans des matériaux caoutchoutiques.

Globalement les membranes composites Pebax/AgBF$_4$ présentent une sélectivité de sorption favorable à la séparation éthane/éthylène qui décroît lorsque la pression appliquée augmente.

L'allure sigmoïdale des isothermes de sorption de vapeur d'eau dans les membranes de Pebax 2533-AgBF$_4$ a montré qu'ils étaient de type B.E.T. II. Elles se décomposent en trois zones: la première, concave, concerne l'adsorption des molécules d'eau sur des sites de Langmuir (sites ioniques et microcavités vitreuses), la deuxième, de type Henry, est linéaire et rend compte de la dissolution des molécules d'eau dans la matrice polymère, et la troisième, exponentielle, traduit un phénomène d'agrégation des molécules de pénétrant entre elles compte tenu de la rigidité de la matrice (en particulier le polyamide).
L'agrégation a été étudiée selon la méthode de Park qui exprime un équilibre. Une loi phénoménologique en a été déduite: elle permet de décrire les isothermes sigmoïdales et de retracer avec une très grande précision celles obtenues expérimentalement.

La formation in-situ de nanoparticules d'argent métallique dans des solutions de Pebax/AgBF$_4$ dans le mélange DMF-éthanol a été mise en évidence par le changement de couleur des solutions qui passent rapidement de l'incolore à une coloration jaunâtre soutenue. A ce changement de couleur est associé, en spectrométrie UV-visible des solutions, l'apparition d'un pic d'absorption vers 420 nm caractéristique du précipité d'argent métallique.
Lorsque le rapport AgBF$_4$/ Pebax augmente, la bande de l'argent croit en intensité et se déplace vers les longueurs d'onde plus élevées, ce qui peut être attribué à un changement dans la taille des particules.

L'étude du phénomène a été poursuivie par l'analyse des membranes coulées à partir des solutions précédentes par spectroscopie IRTF et microscopie électronique à transmission.
En IRTF, le glissement du pic à 1646 cm^{-1}, attribué aux groupes carbonyles, vers les nombres d'onde plus faibles lorsque la concentration d'AgBF$_4$ augmente, est indicatif du développement d'interactions carbonyle-Ag$^+$. Les clichés TEM et les histogrammes associés, obtenus sur des membranes fraîchement réalisées, montrent par ailleurs que le nombre et la taille des particules présentes sont plus élevés dans la membrane coulée à partir de la solution à 1,5% que dans celle coulée à partir de la solution à 0,5%. La même analyse pratiquée sur les membranes après un mois de stockage conduisent à des observations similaires mais en plus il apparaît que, dans la membrane obtenue de la solution la plus concentrée en AgBF$_4$, si le

nombre de particules n'a que peu changé, par contre leur diamètre moyen s'est nettement accru, de 19,9 à 27,3 nm.

Une conclusion importante est la possibilité d'élaborer des membranes minces avec formation in- situ de nanoparticules d'argent métallique. Cette méthode peut sans aucun doute être étendue à d'autres métaux, ce qui peut conduire à des applications importantes dans le domaine des membranes catalytiques.

ANNEXES

```
'*****************************************************************************
**
'*              Simulation par une methode numerique
'*         absorption d'un permeant par un film plan expose
'*              a pression constante dans un reacteur
'*
'*         avec temps de montee en pression (Tset) non nul
'*                      Option D = f(C)
'*
'*                      ---> [ ] <---
'*              gaz     ---> [ ] <---   gaz
'*           (vapeur) ---> [ ] <--- (vapeur)
'*                      ---> [ ] <---
'*
'*                         (film)
'*
'*         d'apres Timelag1 (coef diff constant)
'*     (diffusion … travers une membrane separant 2 volumes finis,
'*         avec conditions initiales symetriques)
'*              Modele … n-mailles, Methode de RUNGE-KUTTA
'*
'*      Quantite absorbee en fonction du temps, profils de concentration
'*              Comparaison avec expressions analytique
'*                 Analyse des resultats experimentaux
'*      distance quadratique entre courbes calculees et experimentales
'*
'* fichier; Sorbiga3.bas              27.09.99              DLGN
'*****************************************************************************
**
'*****************************************************************************
**
'
'definitions entiers, double precision, base tableaux
DEFLNG i,n:DEFDBL a-h,j-m,o-z:OPTION BASE 0:CLS
Pi=4*ATN(1):SCREEN 0
'Interruption programme au clavier
KEY ON: KEY 1,"STOP": ON KEY(1) GOSUB Arret: KEY(1) ON
'mode edition:
Ed1$=" Pression initiale Pinib #.##^^^^ mbar ou PiniHg=#.##^^^^ cmHg"
Ed2$=" Pression equilibre Pequib=#.##^^^^mbar ou PequiHg=#.##^^^^ cmHg"
Ed3$=" Concentration source interfaciale initiale Csini=#.##^^^^ mmol/cm3"
Ed4$=" Concentration film equilibre Csequi=#.##^^^^ mmol/cm3"
Ed7$=" Coef. de diffusion Dm=#.##^^^^ cm2/s"
Ed8$=" Constante des gaz Rg=#.##^^^^ cm3 cmHg/K/mmol"
Ed9$=" Rg.Tmk=#.##^^^^ cm3 cmHg/mmol"
Ed10$=" Rg.Tmk.Sigmam=#.##^^^^ "
Ed11$=" Temps de montee en pression=#.##^^^^ s"
Ed12$=" Coefficient de plastification=#.##^^^^ cm3/mmol"
'----------------------------------------------------------------------------
'definition des fonctions equa diff pour chaque type de tranche de film
'----------------------------------------------------------------------------
'X0 et Xp sont des concentr. molaires interfaciale (mmol/cm3) dans le film
'correspondant a la pression externe (ici la meme sur les deux faces du
film)
'X0 = Xp = S*P avec P = Pression du gaz  en cmHg autour du film
'les Xi sont des conc. dans les tranches definies dans le film (mmol/cm3)
'----------------------------------------------------------------------------
'---------------------------- FONCTIONS ----------------------------
' Fonction representant l'isotherme de sorption/desorption
DEF FnCliss(Phg)
'LISSAGE POLYNOMIAL (determine par SigmaPlot) de l'Isotherme de sorption
```

- 134 -

```
'ou desorption C(mmol/cm3)=F(PcmHg) (ici Sorption R21 25øC 300-99)
B0=0: B1=28.6294: B2=-52.973: B3=56.7118: B4=-27.6017: B5=5.03879
FNCliss=B0+B1*Phg+B2*Phg^2+B3*Phg^3+B4*Phg^4+B5*Phg^5
'*************************
'FNCliss= 0.1/76*1013*Phg ' option Henry
END DEF
'-----------------------------------------------------------------------
'Fonction Concentration Interfaciale film (=Sigmam * pression)
DEF FNCint(Treel)
RESTORE Tdata
READ P0,P1,P2,P3,P4,P5,P6 ' Lissage polynomial de la montee en pression
  IF Treel<=Tset THEN
Pressb=P0+P1*Treel+P2*Treel^2+P3*Treel^3+P4*Treel^4+P5*Treel^5+P6*Treel^6
Presshg=Pressb*76/1013
     Cinter=FnCliss(Presshg)
     ELSE
     Cinter=FnCliss(Pequihg)
  END IF
  FNCint=Cinter
END DEF
'-----------------------------------------------------------------------
'Fonction Exponentielle
DEF FNex(G)
     IF ABS(G)<0.1 THEN
     Fex=1+G*(1+G/2*(1+G/3*(1+G/4*(1+G/5*(1+G/6*(1+G/7))))))
     ELSE
     Fex=EXP(G)
       END IF
       FNex=Fex
END DEF
'-----------------------------------------------------------------------
'tranche source: pression constante ou variable --> Concentration
interfaciale
'constante ou selon equation FNCint(Treel)
'-----------------------------------------------------------------------
'==================== Definition des Fonctions ========================
'tranche entree
DEF FN F2(X0,X1,X2)
     SELECT CASE Nop
     CASE 1

     F2=n*n/Th*(2*X0-3*X1+X2)
     CASE 2
     F2=N*N/Th*EXP(-Gam*Csequi)/Gam*(2*Fnex(Gam*X0)_
-3*Fnex(Gam*X1)+Fnex(Gam*X2))
END SELECT
FN F2=F2
END DEF
'------------------------------
'tranche quelconque
DEF FN F3(Xh,Xi,Xj)
     SELECT CASE Nop
     CASE 1
     F3=n*n/Th*(Xh-2*Xi+Xj)
     CASE 2
     F3=N*N/Th*EXP(-Gam*Csequi)/Gam*(Fnex(Gam*Xh)-2*Fnex(Gam*Xi)_
+Fnex(Gam*Xj))
END SELECT
FN F3=F3
END DEF
'------------------------------
```

```
'tranche sortie
DEF FN f4(Xm,Xn,Xp)
      SELECT CASE Nop
      CASE 1
      F4=n*n/Th*(Xm-3*Xn+2*Xp)
      CASE 2
      F4=N*N/Th*Exp(-Gam*Csequi)/Gam*(Fnex(Gam*Xm)-3*Fnex(Gam*Xn)_
+2*Fnex(Gam*Xp))
END SELECT
FN F4=F4
END DEF
'-------------------------------
'tranche recepteur: IDEM Tranche source
'===========================================================================
=
'lecture des constantes
'***rappel***
'1 mmole de gaz (ou vapeur)= 22.414 cm3STP
'1 atm = 76 cmHg = 1013 mbar = 1.013 e5 Pa
'Constante des gaz Rg= 76*22.414/273.16 en cm3.cmHg/mmol/K
 Rg=76*22.414/273.16
'-------------------------------------------------
RESTORE Donnees
READ Fichdon$, Sens$
READ   Ro,Pinib,Pequib,Em,Tmk,Nbl,Nstep,Mm,Tset,Msec
'-------------------------------------------------
'!!!!! DEFINITIONS DES DONNEES !!!!!!!!!!!!!!!!!!!!!!!!!!!!!!
'Fichdon$: nom du fichier ou sont stockees les donnees exper. Dtau,Qexp
'Sens$: (sorb ou desorb) definit une sorption ou une desorption
'Ro: masse volumique du film sec (g/cm3)
'Pinib: Pression initiale dans la chambre (mbar)
'Pequib: Pression a l'equilibre dans la chambre (mbar)
'Em: epaisseur(cm) du film
'Tmk: temperature (K)
'Nbl: nombre de blocs de temps= nombre de profils stockes
'Nstep: On ne trace que 1 profil de concentration sur Nstep (ex:1/5)
'Mm: Masse millimolaire du sorbat en g/mmol
'Tset: temps de montee en pression (seconde)
'Msec: Masse de l'echantillon sec (g)
'------------------------------------- en Input ---
'Np: Nombre d'increments de temps par bloc de temps
'N: nombre de tranches de membrane
'Tf: temps final de la simulation (en s)
'Dm: coef diff dans le film (cm2/s)
'Gam: coefficient de plastification (cm3/mmol)
'====================== calculs intermediaires  ======================
Pinihg=Pinib*76/1013' en cmHg
Pequihg=Pequib*76/1013 'pression equilibre en cmHg

Csini=FNCliss(Pinihg)   ' concentration film mmol/cm3 initiale interface
C0=Csini 'Concentration initiale dans l'echantillon (mmol/cm3)
Csequi=FNCliss(Pequihg) '  concentration film mmol/cm3 equilibre
'Treel: temps de sorption (s)
RgT=Rg*Tmk
'
'$$$$$$$$$$$$$$$$$$$$$$$$$$$$$$$$$$$$$$$$$$$$$$$$$$$$$$$$$$$$$$$$$$$$$$$$$$$$$
'œœœœœœœœœœœœœœœ PROGRAMME PRINCIPAL  œœœœœœœœœœœœœœœœœœœœœœœœœœœœ
'Rappel donnees experimentales stockees sur un fichier .CSV
CLS
INPUT" Rappel des Donnees Experimentales ?(Y/N)";Repa$
If Repa$="Y" or repa$="y" THEN GOSUB Rappel
```

```
CLS
'INPUT" Recherche du Coefficient de diffusion en fin de sorption [Dm]
Y/N";Repb$
'If Repb$="Y" or repb$="y" THEN GOSUB Recherche
'INPUT " Trace Fonction Log(Tau) avec la valeur de [Dm] calculee Y/N";Repc$
'If Repc$="Y" or repc$="y" THEN GOSUB First
'WHILE NOT INSTAT: WEND: Z$=INKEY$
SCREEN 0
'calcul et stockage des Nbl profils de concentration
Simul:
CLS: PRINT: PRINT
PRINT" Simulation Numerique de la sorption"
PRINT:  PRINT" Rappel de Dm calcule --> Dm = ";Dm
'Numero Option
PRINT" Option=1 pour D constant
PRINT"             ( par exemple pour obtenir <D> en debut de sorption)"
PRINT" Option=2 pour D = D0 EXP(Gam C)
INPUT" Option Choisie =";Nop
SELECT CASE Nop
      CASE 1
      PRINT " Verifier les parametres en DATA (Pinib,Pequib,Tset ...)
      INPUT " Coefficient de diffusion [D] (cm2/s)";Dm
      CASE 2
      PRINT " Verifier Parametres en DATA (Sigmam,Pinib,Pequib,Tset...)
      INPUT " Coefficient de Diffusion [Dm] (cm2/s)";Dm
      INPUT " Coefficient de Plastification [Gam] (cm3/mmol)=";Gam
END SELECT
'---------------------------------------------------------------------
GOSUB Runge         ' calcul
GOSUB Profils       ' Profils de concentration
GOSUB Quantite      ' Quantite absorbee/desorbee
INPUT " Distance Qsorb/Qexp ?";Rep0$
IF Rep0$="y" OR Rep$="Y" THEN GOSUB Distance'Distance courbe calc/courbe
exp.
GOSUB Racine        ' Qsorb en fonction de racine du temps
INPUT " Distance Qsorb/Qexp ?";Rep1$
IF Rep1$="y" OR Rep$="Y" THEN GOSUB Distance2'Distance courbe calc/courbe
exp.
GOSUB Logar         ' Qsorb fonction log
CLS:GOSUB Recap1
WHILE NOT INSTAT : WEND :z$=INKEY$
PRINT:CLS
INPUT" Stockage des resultats sur Fichier sequentiel (Y ?)",Rep$
If Rep$="Y" or rep$="y" THEN GOSUB Stock
'---------------------------------------------------------------------
PRINT:PRINT" Fin du programme"
PRINT: INPUT "Retour a la Simulation Y/N ?";Repd$
IF Repd$="Y" or repd$="y" THEN
      ERASE k1,K2,K3,K4,X,Qsorb,Qser
      GOTO Simul
END IF
PRINT: PRINT: PRINT" Pour sortir taper une touche"
STOP
'*********************************************************************
'-------------------------------- Calcul des constantes de Runge Kutta
'4 constantes k1,k2,k3,k4 pour chaque type de tranche (n+1) de membrane
Runge:
'---------------------------------------------------------------------
--
INPUT "Nombre de tranches de membrane (N) ";N
```

```
'=============================================================================
===
' dimensions TABLEAUX:
'-----------------------------------
DIM k1(n+1),k2(n+1),k3(n+1),k4(n+1) 'Constantes de Runge Kutta
DIM X(Nbl,n+1)    'profils de concentration en mmol/cm3
DIM Qsorb(Nbl)  'Q sorb/Q sorb equilibre en cours de sorption (numerique)
DIM Qser(Nbl) ' Q sorb/Q sorb equilibre en cours de sorption (Crank)
' Tableaux Dtau(i), Qexp(i) et Taur(i) definis dans Rappel:
DIM ligne%(5000),tampon%(5000)        'graphique
'-----------------------------------
' le Temps
'-----------------------------------
Th=Em*Em/Dm ' parametre temps caracteristique du film (en s)
'EN SORPTION avec D = D0 EXP(Gam C) Option=2
'Si Gamma est negatif le coefficient de diffusion D(Csini) = Dini est
'plus grand que le coefficient de diffusion en fin de sorption D(Csequi) =
Dm
'C'est Dini qui sera pris en consideration pour le critere de convergence
'EN DESORPTION avec D = D0 EXP(Gam C) Option=2
'Si Gamma est positif le coefficient de diffusion D(Csini) = Dini est
'plus grand que le coefficient de diffusion en fin de sorption D(Csequi) =
Dm
'C'est Dini qui sera pris en consideration pour le critere de convergence
Dini=Dm*EXP(Gam*(Csini-Csequi))
PRINT"Dini = ";Dini,"cm2/s"
SELECT CASE Sens$
     CASE "sorb"
      IF Gam<0 THEN Thmin=Em*Em/Dini ELSE Thmin=Th
     CASE "desorb"
      IF Gam>0 THEN Thmin=Em*Em/Dini ELSE Thmin=Th
END SELECT
PRINT"            Choix du temps final et increment de temps
PRINT: INPUT " Temps final Tf en secondes";Tf
PRINT
PRINT" Le temps total Tf est divise en ";Nbl;" blocs de Np intervalles
chacun"
PRINT" Le nombre total (Nt) d'increments de temps est egal a ";Nbl;" * Np"
'Condition necessaire de convergence du calcul numerique:
'Nt doit etre superieur a 2*N*N*Tf/Thmin soit:
Npc=2*N*N*Tf/Thmin/Nbl
Np=Npc+1
PRINT:PRINT:PRINT " Le nombre Np est fixe a ";Np
DELAY 2
PRINT:PRINT
Dt=Tf/Np/Nbl ' increment de temps

Dxe=Em/N ' increment d'espace
Nt=Nbl*Np ' nombre total d'increments de temps
CLS:PRINT:PRINT
GOSUB recap1 ' Recapitulatif des conditions
WHILE NOT INSTAT:WEND:z$=INKEY$
'=============================================================
'Conditions initiales *****************************************************
X(0,0)=Csini:X(1,0)=X(0,0)'conditions symetriques faces a et b
FOR i=1 TO N:X(0,i)=Csini:X(1,i)=X(0,i):NEXT i 'C initiale dans le film
X(0,n+1)=X(0,0): X(1,n+1)=X(0,n+1)
Qsorb(0)=0 ' quantite absorbee lors de  l'absorption (=deltaQ/deltaQequi)
'=============================================================
Treel=0          ' initialisation du temps reel
FOR it=1 TO Nbl:FOR ip=1 TO Np
```

```
Cte1:
    X0=FNCint(Treel):X1=X(it,1):X2=X(it,2) 'tranches source et entree
    k1(1)=Dt*FN f2(X0,X1,X2)
    FOR i=2 TO n-1:Xh=X(it,i-1):Xi=X(it,i):Xj=X(it,i+1)        'tranche qq
    k1(i)=Dt*FN f3(Xh,Xi,Xj):NEXT i
    Xm=X(it,n-1):Xn=X(it,n):Xp=X0    'tranche sortie et recepteur
    k1(n)=Dt*FN f4(Xm,Xn,Xp)
Cte2:
    X0=FNCint(Treel):X1=X(it,1)+k1(1)/2:X2=X(it,2)+k1(2)/2
    k2(1)=Dt*FN f2(X0,X1,X2)
    FOR i=2 TO n-1:Xh=X(it,i-1)+k1(i-1)/2:Xi=X(it,i)+k1(i)/2
    Xj=X(it,i+1)+k1(i+1)/2:k2(i)=Dt*FN f3(Xh,Xi,Xj):NEXT i
    Xm=X(it,n-1)+k1(n-1)/2:Xn=X(it,n)+k1(n)/2:Xp=X0
    k2(n)=Dt*FN f4(Xm,Xn,Xp)
Cte3:
    X0=FNCint(Treel):X1=X(it,1)+k2(1)/2:X2=X(it,2)+k2(2)/2
    k3(1)=Dt*FN f2(X0,X1,X2)
    FOR i=2 TO n-1:Xh=X(it,i-1)+k2(i-1)/2:Xi=X(it,i)+k2(i)/2
    Xj=X(it,i+1)+k2(i+1)/2:k3(i)=Dt*FN f3(Xh,Xi,Xj):NEXT i
    Xm=X(it,n-1)+k2(n-1)/2:Xn=X(it,n)+k2(n)/2:Xp=X0
    k3(n)=Dt*FN f4(Xm,Xn,Xp)
Cte4:
    X0=FNCint(Treel):X1=X(it,1)+k3(1):X2=X(it,2)+k3(2)
    k4(1)=Dt*FN f2(X0,X1,X2)
    FOR i=2 TO n-1:Xh=X(it,i-1)+k3(i-1):Xi=X(it,i)+k3(i)
    Xj=X(it,i+1)+k3(i+1):k4(i)=Dt*FN f3(Xh,Xi,Xj):NEXT i
    Xm=X(it,n-1)+k3(n-1):Xn=X(it,n)+k3(n):Xp=X0
    k4(n)=Dt*FN f4(Xm,Xn,Xp)
'----------------------------------------------------------------------
'calcule un profil tous les Dt
'et stockage de Nbl profils (it = 1 to Nbl), un tous les Np*Dt
' algorithme de Runge Kutta
 FOR i=1 TO N:X(it,i)=X(it,i)+(k1(i)+2*(k2(i)+k3(i))+k4(i))/6:NEXT i
 X(it,0)=X0:  X(it,N+1)=X0
'Temps reel (s)
Treel=Dt*(ip+Np*(it-1))
'
NEXT ip                              ' fin bloc de temps
'-------------------------------
'Quantite sorbee/desorbee au temps it
 Csorb=0                  ' initialisation
' integrale du profil de concentration
 FOR i=1 TO N
     Csorb=Csorb+X(it,i)/N 'Concentration moyenne dans le film
 NEXT i
'quantite sorbee/ quantite sorbee a l'equilibre au temps it
 Qsorb(it)=(Csorb-Csini)/(Csequi-Csini)  '>0 si sorption, <0 si desorption
 IF Qsorb(it)<0 THEN Qsorb(it)=-1*Qsorb(it)
'----------------------------------------------------------
'reinitialisation d'un bloc de temps it --> it+1
    CLS :PRINT "it=";it,
    IF it=Nbl THEN PRINT TAB(38) "FIN"
    PRINT ""
    IF it<Nbl THEN
       FOR i=0 TO n+1:X(it+1,i)=X(it,i):NEXT i
    END IF
'    delay 1
NEXT it
BEEP
RETURN     ' retour programme principal
'----------------------------------------------------------------------
```

```
'---------------Trace les profils de concentration membrane --------------
profils:
'Profils de concentration C(x,t) dans le film
'les variations de concentrations C(x,t)-Csini
'sont rapport,es a la varation maxi Cequi-Csini
WHILE NOT INSTAT:WEND:Z$=INKEY$:CLS
' choix de Cref
SELECT CASE sens$          ' concentration de reference
      CASE "sorb"
              Cref=C0
      CASE "desorb"
              Cref=Csequi
END SELECT
'---------------------------------------------
RESTORE echelle1
   GOSUB Graphe:WHILE NOT INSTAT:WEND:Z$=INKEY$
FOR it=0 TO Nbl STEP Nstep      ' trace seulement 1 sur Nstep profils
DELAY 0.1
X=0   ' interface a
Y=(X(it,0)-Cref)/ABS(Csequi-C0)   ' concentration interfaciale normee
IF it=0 THEN Y=(C0-Cref)/ABS(Csequi-C0)   ' conc. interfaciale initiale
GOSUB Place: PSET (XX,YY)
FOR i=1 TO N
      X=(i-.5)/N: Y=(X(it,i)-Cref)/ABS(Csequi-C0)  ' milieu de tranche i
      GOSUB Place:LINE -(XX,YY)
NEXT i
X=1   '  interface b
Y=(X(it,N+1)-Cref)/ABS(Csequi-C0)  ' concentration interfaciale normee
IF it=0 THEN Y=(C0-Cref)/ABS(Csequi-C0)
GOSUB Place: LINE -(xx,yy)

NEXT it
WHILE NOT INSTAT: WEND: z$=INKEY$
RETURN       ' retour programme principal
'
'*********************    Q sorb/Q sorb equilibre    ******************
quantite:
RESTORE Echelle2
GOSUB Graphe
X=0: Y=0: GOSUB Place: PSET(XX,YY)
FOR it=0 TO Nbl
      Tau=it*Tf/Nbl/Th  ' Tau adimensionne
        X=Tau
      Y=Qsorb(it) ' Q/Qequilibre
      GOSUB Place

LINE -(XX,YY)
NEXT it
' Calcul Crank
GOSUB Crank      ' calcul de Qser(it)
X=0: Y=0: GOSUB Place: PSET(XX,YY)
FOR it=0 TO Nbl
      Tau=it/Nbl  ' temps/temps final
      X=Tau
      Y=Qser(it)   ' Q/Qequilibre par Crank
      GOSUB Place
      LINE -(XX,YY),10
NEXT it
'-----------------------------------------
'Donnees experimentales
If Repa$="Y" or repa$="y" THEN
```

```
         X=0: Y=0: GOSUB Place: PSET (Xx,Yy)
         FOR i=0 TO imax-1
                 Tauexp=Dm*Dtau(i)
                 X=Tauexp
                 Y=Qexp(i)
                 GOSUB Place
                 LINE -(Xx,Yy),12
         NEXT i
     END IF
     '-------------------------------------------
     WHILE NOT INSTAT: WEND: z$=INKEY$
     RETURN     ' retour programme principal
     '
     '**********************     Option racine du temps
     ************************
     racine:
     RESTORE  Echelle3
     GOSUB Graphe
     X=0: Y=0: GOSUB Place: PSET(XX,YY)
     FOR it=0 TO Nbl
         Tau=it*Tf/Nbl/Th
             X=SQR(Tau)             ' racine de tau
             Y=Qsorb(it)            'Q/Qequilibre
             GOSUB Place
             LINE -(XX,YY)
     NEXT it
     X=0: Y=0: GOSUB Place: PSET(XX,YY)
     X=SQR(Pi)/4: Y=1: GOSUB Place: LINE -(XX,YY),10
     '-------------------------------------------
     'Donnees experimentales
     If Repa$="Y" or repa$="y" THEN
         X=0: Y=0: GOSUB Place: PSET (Xx,Yy)
         FOR i=0 TO imax-1
                 Tauexp=Dm*Dtau(i)
                 X=SQR(Tauexp)
                 Y=Qexp(i)
                 GOSUB Place
                 LINE -(Xx,Yy),12
         NEXT i
     END IF
     WHILE NOT INSTAT: WEND: z$=INKEY$
     RETURN                 ' retour au programme principal
     '
     '*********************     Option Logarithme
     ***************************
     Logar:
     RESTORE  Echelle4
     GOSUB Graphe
     X=0: Y=0: GOSUB Place: PSET(XX,YY)
     FOR it=0 TO Nbl
         Tau=it*Tf/Nbl/Th
         X=Tau
         Y=-LOG(Pi*Pi/8)-LOG(1-Qsorb(it))
         GOSUB Place
         LINE -(XX,YY)
     NEXT it
     X=0: Y=0: GOSUB Place: PSET(XX,YY): X=1: Y=Pi*Pi:GOSUB Place:LINE -
     (XX,YY),10
     '-------------------------------------------
     'Donnees experimentales
     If Repa$="Y" or repa$="y" THEN
```

```
      X=0: Y=0: GOSUB Place: PSET (Xx,Yy)
      FOR i=0 TO imax-1
            Tauexp=Dm*Dtau(i)
            X=Tauexp
Y=-LOG(Pi*Pi/8)-LOG(1-Qexp(i))
            GOSUB Place
            LINE -(Xx,Yy),12
      NEXT i
END IF
WHILE NOT INSTAT: WEND: z$=INKEY$
RETURN                  ' retour au programme principal
'-----------------------------------------------------------------------
-
'================== Recherche  Dm
==================================
Recherche:
PRINT" Donner une fourchette pour Dm (en cm2/s)"
INPUT " D Min =";Dmin
INPUT " D Max =";Dmax
'Dmin=1e-9: Dmax=1e-8    ' Par exemple
PRINT:PRINT:PRINT"     Donner un Tau minimum"
PRINT:INPUT"                Tau limite Inferieur =";Tauinf
PRINT:INPUT"                Tau limite Superieur =";Tausup
Approche:
Dr=(Dmax+Dmin)/2
FOR i=0 TO imax-1
      Taur=Dr*Dtau(i)
      IF Taur>=Tauinf THEN EXIT FOR
NEXT i: Ndep=i     : print"Ndep=";Ndep
FOR i=0 TO imax-1
      Taur=Dr*Dtau(i)
      IF Taur>Tausup THEN EXIT FOR
NEXT i: Nfin=i-1: PRINT"Nfin=";Nfin
Nv=Nfin-Ndep        'Nombre de valeurs
PRINT "Nv=";Nv
FOR i=0 TO Nv-1
      Taur(i)=Dr*Dtau(i+Ndep)

Qr(i)=-LOG(Pi*Pi/8)-LOG(1-Qexp(i+Ndep))
NEXT i
GOSUB Pente ' Calcul pente par moindres carres
Vtest=0.0001: Test=ABS((Coefa-Pi*Pi)/(Pi*Pi))
IF Test>Vtest THEN
      IF Coefa<Pi*Pi THEN Dmax=Dr ELSE Dmin=Dr
      GOTO Approche
END IF
PRINT:PRINT:PRINT "                   Recherche terminee "
PRINT:PRINT" Pente =";Coefa;" (Pi*Pi = 9.8696)"
Dm=Dr
PRINT:PRINT "                    Dm ="; Dr
Taulimsup=Dm*Dtau(imax-1): PRINT: PRINT" Tau maxi =";Taulimsup
PRINT: PRINT
RETURN
'-------------------- Trace avec la valeur de Dm calculee ------------
First:
RESTORE  Echelle4
GOSUB Graphe
X=0: Y=0: GOSUB Place: PSET(XX,YY)
X=1: Y=Pi*Pi:GOSUB Place:LINE -(XX,YY),10  ' reference D constant
X=Tauinf: Y=0: GOSUB Place: PSET(XX,YY): Y=5: GOSUB Place: LINE -(Xx,Yy),1
X=Tausup: Y=0: GOSUB Place: PSET(XX,YY): Y=5: GOSUB Place: LINE -(Xx,Yy),1
```

- 142 -

```
'-------------------------------------------
'Donnees experimentales
X=0: Y=0: GOSUB Place: PSET (Xx,Yy)
      FOR i=0 TO imax-1
            Tauexp=Dm*Dtau(i)
            X=Tauexp
            Y=-LOG(Pi*Pi/8)-LOG(1-Qexp(i))
            GOSUB Place
            LINE -(Xx,Yy),12
      NEXT i
RETURN
'---------------------------------------------------------------------------
--
'========================== Calcul Pente par Moindres carres ===============
==============
Pente:
'-------- Moyenne de Taur ----------------------------------
Mtaur=0: FOR i=0 to Nv-1: Mtaur=Mtaur+Taur(i): NEXT i: Mtaur=Mtaur/Nv
'-------- Variance de Taur ----------------------------------
Vtaur=0: FOR i=0 TO Nv-1: Dtaur=Taur(i)-Mtaur: Dtaur=Dtaur*Dtaur
Vtaur=Vtaur+Dtaur: NEXT i: Vtaur=Vtaur/Nv
'-------- Moyenne de Qr ----------------------------------
Mqr=0: FOR i=0 TO Nv-1: Mqr=Mqr+Qr(i): NEXT i: Mqr=Mqr/Nv
'-------- Covariance de Taur, Qr ----------------------------
Covtq=0: FOR i=0 TO Nv-1: Dtq=Taur(i)*Qr(i)-Mtaur*Mqr: Covtq=Covtq+Dtq
NEXT i: Covtq=Covtq/Nv
'-------- Coefficient Angulaire de la Droite de Regression ----------------
-
Coefa=Covtq/Vtaur
RETURN               ' Retour
'***************************************************************************
**
'************************ sous programme graphique ****************
Graphe:
debut:
X1=100:X2=540
GOSUB Optvga
LINE (X1,Y1)-(X2,Y2),,B
READ Nx,Xmin,Xmax:Ex=(X2-X1)/Nx
FOR Na=0 TO Nx:Fx=X1+Ex*Na:LINE (Fx,Y1)-(Fx,Y1-Ly1)
  READ Car$:Ab=Fx-4*Len(Car$):Ord=Y1-Ly1-Ly2:GOSUB Image
NEXT Na
PRESET (X2,Y1):DRAW "R10U4F4G4U4"
READ Car$:Ab=X2+8:Ord=Y1+Ly4:GOSUB Image
READ Ny,Ymin,Ymax:Ey=(Y2-Y1)/Ny
FOR Nb=0 TO Ny:Fy=Y1+Ey*Nb:LINE (X1,Fy)-(X1-5,Fy)
  READ Car$:Ab=X1-8*Len(Car$)-12:Ord=Fy+Ly2:GOSUB Image
NEXT Nb
PRESET (X1,Y2):DRAW "U5R4H4G4R4"
READ Car$:Ab=X1+16:Ord=Y2+Ly4:GOSUB Image
RETURN
'---------------------------------------------------------------------------
--
Place:
Xx=X1+(X-Xmin)/(Xmax-Xmin)*(X2-X1):Yy=Y1+(Y-Ymin)/(Ymax-Ymin)*(Y2-Y1)
RETURN
'------------------------------------- Options ecran ------------------
--
Optvga:
Y1=60:Y2=432:Ly1=5:Ly2=10:Ly3=34:Ly4=19:Yw=479
CLS:SCREEN 12:VIEW (0,0)-(639,Yw):WINDOW (0,0)-(639,Yw)
```

```
RETURN
'-------------------------------------------------------------------------
Image:
GET (0,Yw)-(638,Yw-Ly4),Ligne%                        ' sauvegarde de la premiere
ligne
LOCATE 1,1                       ' affichage ,ph,mŠre du caractere qui doit
etre
PRINT Car$                                                                '
reproduit
GET (0,Yw)-(LEN(Car$)*8-1,Yw+1-Ly4),Tampon%      ' mise en memoire de la
ligne 1
PUT (0,Yw),Ligne%,PSET           ' restitution de la premiere ligne
(anterieure)
PUT (Ab,Ord),Tampon%                      ' restitution de la ligne 1 (ligne
utile)
RETURN
'-------------------------------------------------------------------------
--
Recap1:
SCREEN 0
PRINT"                       ***  RECAPITULATIF ***"
PRINT: PRINT:PRINT:PRINT:
PRINT" masse volumique echantillon (Ro) ";Ro;"g/cm3"
PRINT" epaisseur du film (Em) ";Em;"cm"
PRINT" nombre de tranches membrane (N) ";N
PRINT" epaisseur tranche (Dxe) ";Dxe;"cm"
PRINT" temps final (Tf) ";Tf;"s
PRINT" nombre de blocs de temps (Nbl) ";Nbl
PRINT" nombre intervalles de temps par bloc (Np) ";Np
PRINT" nombre total intervalles de temps (Nt) ";Nt
PRINT" increment de temps (Dt) ";Dt;"s
PRINT"
PRINT USING Ed8$;Rg
PRINT USING Ed9$;RgT
WHILE NOT INSTAT: WEND: z$=INKEY$
CLS:PRINT
PRINT USING Ed1$;Pinib;PiniHg
PRINT USING Ed2$;Pequib;Pequihg
PRINT USING Ed3$;Csini
PRINT USING Ed4$;Csequi
PRINT USING Ed7$;Dm
PRINT USING Ed11$;Tset
PRINT USING Ed12$;Gam
RETURN
'-------------------------------------------------------------------------
--
'---------------------------------------------------- STOCK-------------
Stock:
PRINT" On sauve 1 profil de concentration sur Nstep (ex:1/5)
PRINT"  et la quantite dQ/dQequi en fonction du it"
INPUT" Donner le nom complet du fichier de stockage avec extension
.PRN";Fich$
OPEN Fich$ for output as 2#   'ouverture pour ecrire sur le fichier
WRITE #2, "Th ",Th,"Dm ",Dm
WRITE #2, "Tf ",Tf,"Nbl ",Nbl  ' Temps final, it max
WRITE #2, "Csini ",Csini,"Csequi ",Csequi ' Conc initiales et a l'equilibre
WRITE #2, "Pinihg ",Pinihg,"Pequihg ",Pequihg ' Press ini et  equilibre
(cmHg)
WRITE #2, "Setime ",Tset,"Gam ";Gam
'GOTO cinetique 'impasse sur la sauvegarde des profils
'profils            ' sauvegarde des profils
```

```
FOR it=0 TO Nbl STEP Nstep
X=0: Y=X(0,0): WRITE #2,X,Y
FOR i=1 TO N
     X=(i-.5)/N: Y=X(it,i)
     WRITE #2,X,Y
NEXT i
X=1: Y=X(0,0):WRITE #2,X,Y
NEXT it
'-------------------------------------
Cinetique:
WRITE #2, "it  ", "Qsorb ", "Qser "
for it=0 to Nbl
     X=it: Y=Qsorb(it): Z=Qser(it)
     WRITE #2, X,Y,Z
NEXT it
CLOSE #2
RETURN
'------------------- Rappel des donnees experimentales ----------------
Rappel:
CLS: PRINT: PRINT
INPUT"Nom Complet du Fichier de donnees ?";Fichdon$
OPEN Fichdon$ FOR INPUT AS #1
i=0
WHILE NOT EOF(1)
INPUT #1, Dtau,Qexp
INCR i
WEND
CLOSE #1
imax=i: DIM Dtau(imax), Qexp(imax), Taur(imax),Qr(imax)
OPEN Fichdon$ FOR INPUT AS #1
i=0
WHILE NOT EOF(1)
INPUT #1, Dtau(i),Qexp(i)
INCR i
WEND
CLOSE #1
PRINT imax;" Lignes de Donnees Experimentales rappelees"
WHILE NOT INSTAT: WEND: Z$=INKEY$
RETURN
'----------------------------------------------------------------------
Echelle1:
DATA 10,0,1,"0",".1",".2",".3",".4",".5",".6",".7",".8",".9","1","X/Em"
DATA 10,0,1,"0",".1",".2",".3",".4",".5",".6",".7",".8",".9","1","C/deltaC"
'----------------------------------------------------------------------
--
Echelle2:
DATA 10,0,1,"0",".1",".2",".3",".4",".5",".6",".7",".8",".9","1","Tau
Dt/L2"
DATA 10,0,1,"0",".1",".2",".3",".4",".5",".6",".7",".8",".9","1","Q/Qequi"
'----------------------------------------------------------------------
Echelle3:
DATA 10,0,1,"0",".1",".2",".3",".4",".5",".6",".7",".8",".9","1","SQR(Tau)"
DATA 10,0,1,"0",".1",".2",".3",".4",".5",".6",".7",".8",".9","1","Q/Qequi"
'----------------------------------------------------------------------
'----------------------------------------------------------------------
Echelle4:
DATA 10,0,1,"0",".1",".2",".3",".4",".5",".6",".7",".8",".9","1","Tau"
DATA 10,0,10,"0","1","2","3","4","5","6","7","8","9","10","Ln(Pi2/8)-Ln(1-
Q/Qequi)"
'----------------------------------------------------------------------
'
```

```
'------------------- ARRET AU CLAVIER par touche F1 -----------------
-
Arret:
STOP
RETURN
'===========================================================================
'***************** Calcul sorption avec bornes constantes **************
'!!!!!!!!!!!!!!!!!!!!!! par une serie de n termes Crank !!!!!!!!!!!!!!
Crank:
Epsil=0.000001     'valeur de test (ajustable)
FOR it=0 TO Nbl
        Tauc=it/Nbl
        WHILE Tauc<0.0492
                Qser(it)=4*SQR(Tauc/Pi)
                GOTO Suite
        WEND
        Somme=0
        FOR i=0 to 10
                W=2*i+1
                V=EXP(-W*W*Pi*Pi*Tauc)
                V=V/W/W
                    IF V<Epsil*Somme THEN EXIT FOR
                Somme=Somme+V
        NEXT i
Qser(it)=1-8*Somme/Pi/Pi
Suite:
NEXT it
RETURN
'===========================================================================
'--- Distance entre courbe calculee Qsorb(t) et experimentale Qexp(t) --
Distance:
Dist=0
FOR it=0 TO Nbl
        Ttaum=it*Tf/Nbl/Th          ' Tau adimensionne
        FOR i=0 TO imax-1
                Ttauexp=Dm*Dtau(i)
                IF Ttauexp>Ttaum THEN
                        Rapp=(Ttaum-Dm*Dtau(i-1))/(Ttauexp-Dm*Dtau(i-1))
                        Qexper=Qexp(i-1)+Rapp*(Qexp(i)-Qexp(i-1))
                        EXIT FOR
                END IF
        NEXT i
        Diff=(Qsorb(it)-Qexper)^2
Dist=Dist+Diff
NEXT it
CLS
PRINT "Distance quadratique Courbe calculee/courbe experimentale= ";Dist
WHILE NOT INSTAT: WEND: Z$=INKEY$
RETURN
'*************************************************************************
'===========================================================================
'--- Distance entre courbe calculee Qsorb(sqrt) et experimentale Qexp(sqrt)
Distance2:
Dist2=0
FOR it=0 TO Nbl
IF Qsorb(it)>0.5 THEN EXIT FOR
        Ttaum=it*Tf/Nbl/Th          ' Tau adimensionne
        FOR i=0 TO imax-1
                Ttauexp=Dm*Dtau(i)
                IF Ttauexp>Ttaum THEN
```

```
Rapp2=(SQR(Ttaum)-SQR(Dm*Dtau(i-1)))/(SQR(Ttauexp)-SQR(Dm*Dtau(i-1)))
                  Qexper=Qexp(i-1)+Rapp2*(Qexp(i)-Qexp(i-1))
                  EXIT FOR
            END IF
      NEXT i
      Diff2=(Qsorb(it)-Qexper)^2
Dist2=Dist2+Diff2
NEXT it
CLS
PRINT "Pour Qsorb<0.5
PRINT "Distance quadratique Courbe calculee/courbe experimentale= ";Dist2
WHILE NOT INSTAT: WEND: Z$=INKEY$
RETURN
'************************************************************************
Donnees:
DATA "a:\databrut\test2.csv", "sorb"
'READ Fichdon$                 , Sens$(sorb ou desorb)
DATA 1.45, 1.44e-3,2.48159
'READ  Ro(g/cm3), Pinib(mbar), Pequib(mbar)
DATA   0.007 , 298   , 200, 20   , 18e-3
'READ  Em(cm), Tmk(K), Nbl, Nstep, Mm(g/mmol)
DATA   177.6, 60.687e-3
'READ  Tset(s),Msec(g)
Tdata:
DATA -0.0385233,0.01748,-9.87789e-4,2.5298e-5,-2.2840e-7,8.6202e-10,-
1.1523e-12
'=======================================================================
END
▯
```

REFERENCES

1 www.cfm-mb.fr

2 A. Morisato, Z. He, I. Pinnau, T.C.Merkel, "Transport properties of PA12-PTMO/AgBF$_4$ solid polymer electrolyte membranes for olefin/paraffin separation", *Desalination.*, 145 (2002) 347-351.

3 I. Pinnau, L.G. Toy, "Solid polymer electrolyte composite membranes for olefin/paraffin separation", *J. Membr. Sci.*, 184 (2001) 39-48.

4 J. Muller, K.V. Peinemann, "Development of facilitated transport membranes for the separation of olefins from gas streams", *Desalination.*, 145 (2002) 339-345.

5 O.H. LeBlanc, W.J. Ward III, S.L. Matson, S.G. Kimura, "Facilitated transport in ion-exchange membranes", *J. Membr. Sci.*, 6 (1980) 339.

6 Fiche technique de Pebax (ATOFINA).

7 Safarik, D.J.; Eldridge, R.B. Ind. Eng. Chem. Res. 1998, 37, 2571-2581.

8 Hong, S.U; Jin, J.H; Won, J; Kang, Y.S. Adv Mater 2000, 12: 968-971.

9 L. Zeman, T. Fraser, "Formation of air-cast cellulose acetate membranes". Part II. "Kinetics of demixing and microvoid growth", *J. Membr. Sci.*, 87 (1994) 267-279.

10 C. Pineda-Fernandez, J.I. Mengual, "Permeation of water at low pressure in cellulose acetate membranes". II. "Nature of flow, *J. Col and Int. Sci.*, 61 (1977) 102-108.

11 S. Loeb, S. Sourirajan., "Sea water demineralization by means of an osmotic membrane", *Adv. Chem. Ser.*, 61 (1963) 1205-1209.

12 M.H. Chen, T.C. Chiao, T.W. Tseng, "Preparation of sulfonated polysulfone/polysulfone and aminated polysulfone/polysulfone blend membranes", *J. Appl. Sci.*, 176 (2000) 11-19.

13 J. Won, H.J. Lee, Y.S. Kang, "The effect of dope solution characteristics on the membrane morphology and gas transport properties: 2. PES/γ-BL system", *J. Membr. Sci.*, 157 (1999) 139-144.

14 Y. Matsumoto, M. Sudoh, Y. Suzuki, "Separation of bonito extract by composite UF membranes of sulfonated polysulfone coated on ceramics", *J. Membr. Sci.*, 157 (1999) 139-144.

15 Y. Matsumoto, M. Sudoh, Y. Suzuki, "Preparation of composite UF membrane of sulfonated polysulfone coated on ceramics", *J. Membr. Sci.*, 158 (1999) 55-62.

16 C. Eyraud, J. Lenoir, C. Bardot, J. Charpin, P. Bergez, J.M. Martinez, "Elaboration et caractérisation de nouvelles membranes d'ultrafiltration fonctionnalisées organo-minérales", 1st I.C.I.M. 89, July 3-6 1989, Montpellier, 87-94.

17 C. Bardot, E. Gaubert, A.E. Yaroshchuk, "Unusual mutual influence of electrolytes during pressure-driven transport of their mixtures across charged porous membranes", *J. Membr. Sci.*, 103 (1995) 11-17.

18 A.K. Agarwal, R.Y.M. Huang, "Studies on the enhancement of separation characteristics of sulfonated poly(phenylene oxide)/polysulfone thin film composite membranes for reverse osmosis applications. I. Effect of chemical treatment", *Die Angewandte Makromolekulare Chemie.*, 163 (1988) 1-13.

19 A.K. Agarwal, R.Y.M. Huang, "Studies on the enhancement of separation characteristics of sulfonated poly(phenylene oxide)/polysulfone thin film composite membranes for reverse osmosis applications. II. Effects of nitromethane and the chemical treatment combined with gamma-ray irradiation", *Die Angewandte Makromolekulare Chemie.*, 163 (1988) 15-21.

20 K. Kouti, L. Kastelan-Kaust, B. Kunst, "Porosity of some commercial reverse osmosis and nanofiltration polyamide thin-film composite membranes", *J. Membr. Sci.*, 168 (2000) 101-108.

21 E.A. Bluhm, E. Bauer, R.M. Chamberlin, K.D. Abney, J.S.Young, G.D. Jarvinen, "Surface effects on cation Transport across porous alumina membranes", *Langmuir.*, 15 (1999) 8668-8672.

22 J. Palmeri, P. Blanc, A. Larbot, P. David, "Theory of pressure-driven transport of neutral solutes and ions in porous ceramic nanofiltration membranes", *J. Membr. Sci.*, 160 (1999) 141-170.

23 J. Schaep, C. Vandecasteele, B. Peters, J. Luyten, C. Dotremont, D. Roels, "Characteristics and retention properties of a mesoporous γ-Al_2O_3 membrane for nanofiltration", *J. Membr. Sci.*, 163 (1999) 229-237.

24 T. Trust, I.S. Wada, S. Izumi, M. Asaeda, "Silica-Zirconia membranes for nanofiltration", *J. Membr. Sci.*, 149 (1998) 127-135.

25 T. Graham, "Notice of the singular inflation of Bladder", *Guart. J. Sci.*, II 1829, (88).

26 J.K. Mitchell "On the penetrativeness of fluids", *Am. K. Med. Sci.*, 13 (1831) 36.

27 T. Graham, "On the law of the diffusion of gases", *Philos. Mag.*, 32 (1866) 401-420.

28 J.H. Petropooulos, "Mechanisms and theories for sorption and diffusion of gases in polymers" dans D.R. Paul, Y.P. Yampolskii, "Polymeric gas separation membranes", CRC Press, London, chap. 2 (1994) 17-81.

29 T.V. Naylor, "Permeation Properties" (vol. 2) , dans C. Booth, C. Price, "Comprehensive Polymer Science", Pergamon Press, chap. 20 (1989) 643-668.

30 S.Brunauer, L.S. Deming, W.E. Deming, E. Teller, "On a theory of the Van Der Waals adsorption of gases", *J.Phys.*Chem., 62 (1940) 1723-1732.

31 K.I. Okamoto, "Sorption and diffusion of water in polyimide films", dans M.K. Ghosh, K.L. Mittal, "Polyimides: fundamentals and applications", Marcel Dekker, New York, NY, chap. 10 (1996).

32 T. Nakagawa, "Gas separation and pervaporation", dans Y. Osada, T. Nakagawa, "Membrane science and technology", Dekker, New York, NY, chap. 7 (1992) 239-287.

33 J.A. Barrie, "Water in polymers", dans J. Crank, G.S. Park, "Diffusion in polymers", Academic Press, London and New York, chap. 8 (1968) 259-313.

34 A. Fick, "Über diffusion", Pogg. Ann. (Ann. Der Phys. Und Chem.), 94 (1855) 59.

35 R.E. Kesting, A.K. Fritzshe, "Theory of gas transport in membranes", dans "Polymeric gas separation membranes", Wiley Inc., New York, NY, chap. 2 (1993) 19-59.

36 R.T. Chern, W. Koros, H.B. Hopfenberg, V.T. Stannett, "Material selection for membrane-based gas separations."*Am. Chem. Soc. Symp. Ser.*, 269 (1985) 25-46.

37 T.V. Naylor, "Comprehensive Polymer Science", C. Booth, C. Price, (1940) 1723-1732, "Permeation properties."

38 S. Matsuoka, T.K. Kwei, in "Macromolecules, an Introduction to Polymer Science", Ed. F.A. Bovey, F.H. Winslow, "Physical behavior of macromolecules" Academic Press, New York, (1979), p 339-408.

39 S.A. Stern, S. Trohalaki, in "Barrier Polymers and Barrier Structures", W.J. Korros, ACS Symposium series, American Chemical Society, Washington D.C., (1990), p 22-59, "Fundamentals of gas diffusion in rubbery and glassy polymers."

40 V. Stannett, M. Szwarc, "The permeability of polymer films to gases. A simple relationship" *J. Polym. Sci.*, 16 (1955) 89-91.

41 P.F. Scholander, "Oxygen transport through hemoglobin solution", *Sci.*, 130 (1960) 585.

42 L.D. Bergelson, Membranes, molecules, cellules, Moskva, Nauka, (1982), p.p.98-106.

43 V.T. Stannett, W.J. Koros, D.R. Paul, H.K. Lonsdale and R.W. Baker, "Recent advances in membrane science and technology", *Polym. Sci.*, 32 (1979) 69-121.

44 R.D. Noble, J.D. Way and A.L. Bunge, Liquid membranes, in: J.A. Marinsky and Y. Marcus (Eds.), Ion Exchange and Solvent Extraction, Vol. 10, Marcel Dekker, New York, NY, 1988.

45 A. Sastre, A. Madi, J.L. Cortina, N. Miralles, "Modelling of mass transfer in facilitated supported liquid membrane transport of gold(III) using phospholene derivatives as carriers", *J. Memb. Sci.*, 139 (1998) 57-65.

46 J.D. Way, R.D. Noble, T.M. Flynn and E.D. Sloan, "Liquid membrane transport: A survey", *J. Membr. Sci.*, 139 (1998) 57-65.

47 R.D. Noble, J.D. Way and L.A. Powers, "Effect of external mass-transfer resistance on facilitated transport", *Ind.Eng. Chem., Fundam.*, 25 (1986) 450.

48 M. Chaara and R.D. Noble, "Effect of convective flow across a film on facilitated transport", *Sep. Sci. and Tech.*, 24 (11) (1989) 893-903.

49 G. Astarita and D.W. Savage, "Simultaneous absorption with reversible instaneous chimical reaction", *Chem. Eng. Sci.*, 37 (1982) 677.

50 P.A. Ramachandra, "Simultaneous absorption of two gases accompanied by reversible instantaneous chemical reaction", *Chem. Eng. Sci.*, 26 (1971) 349.

51 E.L. Cussler, "Membranes with pump", AIChE J., 17 (1971) 1300-1303.

52 K.Y. Niiya and R.D. Noble, "Competitive facilitated transport through liquid membranes", *J. Memb. Sci.*, 23 (1985) 183-198.

53 A. Dindi, R.D. Noble and C.A. Koval, "An analytical solution for competitive facilitated membrane transport", *J. Memb, Sci.*, 65 (1992) 39-45.

54 P.R. Danesi and L. Reichley-Yinger, "A composite supported liquid membrane for ultraclean cobalt-nickel separation". *J. Memb. Sci.*, 27 (1986) 339-347.

55 C. Ahmed, S. Roudesli, F, Gouvernet, M. Métayer, D. Langevin,. "Transport facilité dans les membranes échangeuses d'ions, Illustration avec l'éthylènediamine protonée comme transporteur", *Eu. Polym. J.*, 35 (1999) 1209-1215.

56 J.D. Way, R.D. Noble, "Facilitated transport", in: W.S. Ho, S.S. Sirkar (Eds.), Membrane Handbook, Van Nostrand, New York, 1992.

57 E.L. Cussler, "Facilitated and active transport", in D.R. Paul, Y.P. Yampol'skii (Eds.), "Polymeric Gas Separation Membranes", CRC Press, Boca Raton, FL, 1994, pp. 274- 300.

58 G.C. Blytas, "Separation of unsaturates by complexing with nonaqueous solutions of cuprous salts", in: N. N. Li, J.M. Calo (Eds.), "Separation and Purification Technology", Marcel Dekker, New York, 1992, pp. 19- 57.

59 G. Doyle, R.L. Pruett, D.W. Savage, W.S.W. Ho, "Separation of olefin mixtures by Cu(I) complexation", US Patent 4,471,152 (1984).

60 G.E. Keller, A.E. Marcinkowski, S.K. Verna, K.D. Williamson, "Olefin recovery and purification via silver complexation", in: N.N. Li, J.M. Calo (Eds.), "Separation and Purification Technology", Marcel Dekker, New York, 1992, pp. 59-83.

61 M.R. Dubois, R.D. Noble, "Methods of production of novel molybdenum- sulfide dimers and reactions of the same", US Patent 5,391,791 (1995).

62 I. Pinnau, L.G. Toy, "Solid polymer electrolyte membranes for olefin separation, Department of Energy", Report No. DE-FG03-93ER81579 (1994).

63 I. Pinnau, L.G. Toy, C.S. Casillas, "Olefin separation membrane and process", US Patent 5,670,051 (1997).

64 I. Pinnau, L.G. Toy, S. Sunderrajan, B.D. Freeman, "Solid polymer electrolyte membranes for olefin/parafin separation", Proc. Am. Soc., Div. Polym. Mater.: Sci. Eng. 77 (1997) 269.

65 A. Figoli, W.F.C. Sager, M.H.V. Mulder, "Facilitated oxygen transport in liquid membranes": review and new concepts, *J. Memb. Sci.*, 181 (2001) 97-110.

66 M.K. Djebbar, "Extraction par pervaporation d'esters de solutions aqueuses à l'aide de films denses de polyéther-bloc-amide", thése de l'INPL , Juin 1996.

67 Tube thermoplastique ZEUS, **www.zeusinc.com/nylon**.

68 I. Blume and I. Pinnau (1990) US patent N°4, 963, 165.

69 A. Gugliuzza and E. Drioli, "New performance of a modified poly(amide- 12- b- ethylenoxide)". *Polymer.*, 44 (2003) 2149-2157.

70 J.H. Kim and, Y.M. Lee, "Gas permeation properties of poly(amide- 6- b- ethylene oxide)- silica hybrid membranes". *J. Memb. Sci.*, 193 (2001) 209- 225.

71 S. Winstein and H.J. Lucas, The coordination of Silver Ion with Unsaturated Compounds, *J. Am. Chem. Soc.*, 60 (1938) 836.

72 M. J. Dewar, "A Review of the π-complex theory", Bull. Soc. Chim. France, 18 (1951) C7 1-9.

73 J. Chatt and L.A. Duncanson, "Olefin Co-ordination Compounds. Part III. Infrared Spectra and Structure: Attempted Preparation of Acetylene complexes", *J. Chem. Soc.*, (1953) 2939.

74 C.D.M. Beverjik.G.J.M. Van Der Kerk, A.J. Leusink and J.G. Noltes, "Organosilver Chemistry, *Organometal. Chem. Rev.*, A. 5 (1970) 215.

75 http: //www.psrc.usm.edu/macrog/mpm/composit/nano/

76 Lettre Etats Unis, Sciences Physiques Nanoscience, Microélectronique, matériaux,. Mai 2004-N°11: Les nanocomposites aux Etats-Unis: vers une émergence des premières applications.

77 L. Qian., J.P. Hinestroza. "Application of nanotechnology for high performance textiles.", *J. Textile and Apparel. Technology and Management.*, 4 (1) (2004) 1-7.

78 S. Sunderrajan, B.D. Freeman, C.K. Hall, I. Pinnau, "Propane and propylene sorption in solid polymer electrolytes based on poly(ethylene oxide) and silver salts", *J. Memb. Sci*, 182 (2001) 1- 12.

79 S. Joly., G. Garnaud., R. Ollitrault., L. Bokobza. "Organically modified layered silicates as reinforcing fillers for natural rubber. ". *Chem. Mater.*, 14(10) (2002) 4202- 4208.

80 A. Okada., A. Usuki., T. Kurauchi., O. Kamigaito. "Polymer- Clay hybrids, In Hybrid organic- inorganic composites: J. Mark., C. Lee., P. Bianconi., Eds.; ACS Symp. Ser., (1995) 55- 65.

81 Y.T. Vu., J.E. Mark., L.H. Pham., M. Engelhardt. "Clay nanolayer reinforcement of cis-1,4-polyisoprene and epoxidized natural rubber.", *J. Appl. Polym. Sci.*, 82(6) (2001) 1391-1403.

82 M. Arroyo., M.A. Lopez-Manchado., B. Herrero. "Organo-montmorillonite as substitute of carbon black in natural rubber compounds.", *Polymer.*, 44 (8) (2003) 2477-2453.

83 P. Bala., B.K. Samantaray., S.K. Srivastava., G.B. Nando. "Organomodified montmorillonite as filler in natural and synthetic rubber", *J. Appl. Polym. Sci.*, 92(6) (2004) 3583-3592.

84 C. Luo, Y. Zhang, X. Zeng, Y. Zeng, Y. Wang, *J. Coll and Int. Sci.*, 288 (2005) 444-448.

85 M.J. Casanove, Y. Khin, J. Morillo, C. Roucau,. Effet de taille: des structures originales, dans Structure et propriétés de nanoparticules métalliques.

86 M.J. Casanove, Y. Khin, J. Morillo, C. Roucau,. Effet de taille: des structures originales, dans Structure et propriétés de nanoparticules métalliques.

87 J.W. McBain., A.M. Baker., "A new sorption balance", *J. Am. Chem. Soc.*, 48 (1926) 690-695.

88 G. Skirrow, K.R. Young, "sorption, diffusion and conduction in polyamide-penetrant systems: 1. Sorption phenomena.", *Polymer.*, 15 (1974) 771-776.

89 K.A. Schult, D.R. Paul, "Techniques for measurement of water vapor sorption and permeation in polymer films", *J. Appl. Polym. Sci.*, 61 (1996) 1865-1876.

90 L. Perrin, Q.T. Nguyen, D. Sacco., P. Lochon, "Experimental studies and modelling of sorption and diffusion of water of water and alcohols in cellulose acetate", *Polymer International.*, 42 (1997) 9-16.

91 V. Detallante, D. Langevin., C. Chappey, M. Metayer, R. Mercier, M. Pineri., "Water vapor sorption in naphtalenic sulfonated polyimide membranes.", *J. Membr. Sci.*, 190 (2001) 227-241.

92 Antoine Ch. Tensions des vapeurs: nouvelle relation entre les tensions et les températures. CRC acad sci. 1888; 107: 681-4.

93 J. Crank and G.S. Park, "Methods of measurements", in Diffusion in Polymer, Academic Press, London and New York, 1 (1968) 1.

94 E.A. Turi, "Thermal characterization of Polymeric Materials", Academic Press, New-York, (1981), in: W. Wendlandt, "Thermal analysis", 3rd Ed., "Chemical Analysis", vol.19, Wiley, New York, (1985).

95 J.H. Kim, C.K. Kim, J. Won, Y.S. Kang, "Role of anions for the reduction behavior of silver ions in polymer/silver salt complex membranes", *J. Membr. Sci.*, 250 (2005) 207- 214.

96 J.P. Sheth, J. Xu and G.L. Wilkes, "Solid state structure–property behavior of semicrystalline poly(ether-*block*-amide) PEBAX elastomers", *Polymer.*, 44 (2003) 743-756.

97 S. Sunderrajan, B. D. Freeman, C. K. Hall and I. Pinnau, "Propane and propylene sorption in solid polymer electrolytes based on poly(ethylene oxide) and silver salts", *J. Membr. Sci.*, 182 (2001) 1-12.

98 J. Brandrup, E. H. Imergut and E. D. Grulke, Polymer Handbook, Wiley & sons, New York (1999) p.546.

99 C. C. McDowell, B. D. Freeman, G. W. McNeely, "Acetone sorption and uptake kinetic in poly(ethylene terephtalate)", *Polymer.*, 40 (1999) 3487-3499.

100 J.H. Kim, B.R. Min, C.K. Kim, J. Won, Y.S. Kang, "Spectroscopic interpretation of silver ion complexation with propylene in silver polymer electrolytes", *J. Phys. Chem.*, B 106 (2002) 2786-2790.

101 K.V. Peinemann, S.K. Shukla and M. Schossig, "Preparation and properties of highly selective inorganic/organic blend membranes for separation of reactive gases", Proc. ICOM 90, Chicago, IL, 1990, pp. 792.

102 A. Kishimoto, H. Fujita, H. Odani, M. Kurata, M. Tamura, "Successive differential absorptions of vapors by glassy polymers", *J. Phys. Chem.*, 64 (1960) 594.

103 A. R. Berens and H. B. Hopfenberg, "Diffusion and relaxation in glassy polymer powders : 2. Separation of diffusion and relaxation parameters", *Polymer.*, 19 (1978) 489.

104 J. Crank, "The mathematics of diffusion" Second Edition, Oxford University Press, 1975.

105 Logiciel "turbo basic".

106 A. Wong, X.D. Zhu, "An optical differential reflectance study of adsorption and desorption of xenon and deuterium on Ni (111)", Appl. Phys., A 63 (1996) 1-8.

107 V. Stannet, M. Haider, W.J. Koros, H.B. Hopfenberg, "Sorption and transport of water vapor in glassy poly(acrylonitrile)", *Pol. Eng. Sci.*, 20 (1980) 300-304.

108 G.R. Mauze, S.A. Stern, "The solution and transport of water vapor in poly(acrylonitrile): a re-examination", *J. Membr. Sci.*, 12 (1982) 51-64.

109 D.K. Yang, W.J. Koros, H.B. Hopfenberg, V.T. Stannett,"Sorption and transport studies of water in Kapton polyimide.I", *J. Appl. Chem.*, 30 (1985) 1035-1047.

110 S. Faure, N. Cornet, G. Gébel, R. Mercier, M. Pinéri, B. Sillion, "Sulfonated polyimides as novel proton exchange membranes for H_2/O_2 fuel cells", dans O. Salvadogo and P. Roberge, "Second International Symposium on new materials for Fuel Cell and Modern Battery Systems", Montreal, (1997) 818.

111 G.S. Park, "Transport principles- solution, diffusion and permeation in polymer membranes", dans P.M. Bungay et al., "Synthetic membranes: science, engineering and applications", Reidel, Holland (1986) 57-107.

112 H.S. Kim, J.H. Ryu, B. Jose, B.G. Lee, B.S. Ahn, and Y.S. Kang, "Formation of silver nanoparticles induced by poly (2,6-dimethyl-1,4-phenylene oxide)", *Langmuir.*, 17 (2001) 5817-5820.

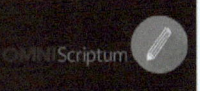